国鉄色車両ガイドブック

写真／広田尚敬　文／坂 正博・梅原 淳・栗原 景

誠文堂新光社

はじめに

デビュー直後、湘南電車80系は東京駅ホームで感動の対面をしましたが、明度が高いモハ90の衝撃はそれを上回りました。学生時代のことです。この2形式はその後、色変更をしていますが、色彩決定はなかなか難しいものがあるようです。小さな切片と大きな壁面では、同じ色相でも受ける印象は変化します。大きくなると明度彩度は高く感じます。また机上の水平置きと垂直の壁面でも異なります。写真プリントが、手元のアルバムと同じ調子では写真展で通用しないのに似ています。さらに異なる材質ではもちろんのこと、材質の厚みによっても印象は変わります。欧米のような厚みある材質に塗布されたシックな色彩は、そのままでは通用しません（外板の薄さはゼロ戦以来の伝統か）。環境や空気層の影響も多分にありそうです。

こうした経験研究から私たちの国鉄車は、独自の魅力的色彩を生み出してきましたが、社会や民間企業の感性努力も見逃せません。あの0系の眩いばかりのホワイトは、強力な塗料と洗剤の開発あってのことでした。近頃ラッピング車が多くみられますが、AIを取り入れた細やかな塗装の実用化もありそうです。グローバル社会の中の車両色彩に目が離せません。

広田尚敬

1949（昭和24）年6月1日、国有鉄道事業を承継する政府出資の新法人として国鉄（日本国有鉄道）が誕生した当時、車両は黒と茶色のモノトーンの世界でした。その流れを一新して1950（昭和25）年にデビューしたのが湘南色のモハ80系です。このカラーは、小田原辺りからの山々を彩るみかん山をモチーフにしていると言われます。現在でも温かみを感じますが、戦後復興に一歩進み始めた当時は、希望の色でもありました。

湘南色は「国鉄色」多彩化のはじめの一歩で、「白砂青松」を表現したスカ色、クリームに赤の特急色、「金魚」とも呼ばれた中央線101系のオレンジバーミリオン、「カナリアイエロー」と呼ばれた山手線101系、明治神宮の森に代表される「うぐいす色」の山手線103系などが続々と加わりました。夜汽車の青い列車は「ブルートレイン」と呼ばれるなどさまざまな愛称と共に親しまれ、国鉄末期にはさらに多彩なカラーとなって、現代へと進んでいます。本書は、1950年代から国鉄分割民営化までの「国鉄色」を、広田尚敬氏の写真とともにできる限り数値化し紹介しています。懐かしい国鉄車両の写真集として、そして国鉄色の資料として活用してください。

坂　正博

目 次

〈コラム〉

国鉄色とは

「国鉄色」という言葉は、主として鉄道ファンによって生み出された言葉で、国鉄の正式な用語ではない。広義では、明治5年に新橋～横浜間の鉄道が開業してから、国鉄が分割民営化されてJRグループが発足するまでに、国有鉄道の車両等に使われた塗色を指す。狭義では、公共企業体・日本国有鉄道（1949～1987）が規定した色を意味し、1950（昭和25）年に登場した「湘南色」（p10）以降の、国鉄が全国の車両に対して用途・種類別に規定した標準塗色のみを表す言葉として使われることも多い。

国鉄車両の塗色は「車両塗色及び標記基準規程」によって規定され、使用する色は「国鉄車両関係色見本帳」によって明確に定められていた。「国鉄車両関係色見本帳」は、国鉄が1956（昭和31）年から発行していた資料である。実際の塗料を使い、色の表示記号であるマンセル記号も記載されていたため、工場が違っても同一の色で安定した塗装を行うことが可能だった。国鉄が消滅して30年あまりが経過した現在では、国鉄時代から継続して使用されている国鉄色は極めて少数になっている。

国鉄で最後に発行された1983年版「国鉄車両関係色見本帳」

本書では、「国鉄色」を、原則として「日本国有鉄道が車両の車体外部の塗装に使用した塗色」と定義し、主として1950年代から1980年代までの塗装を概ね年代順に紹介している（一部例外あり）。機器類や室内の塗装は除外した。また、1940年代以前の塗色や、国鉄末期の地域・路線カラー、ジョイフルトレインについても可能な限り紹介した。ただし、すべての配色を紹介しているわけではない。

マンセル記号／マンセル値とは

正式名称を「マンセル・カラー・システム」といい、色彩を「色相」・「明度」・「彩度」の３要素で表現する。20世紀初頭に、アメリカの美術教師、アルバート・マンセル（1858-1918）によって提唱された表記方法で、現在もデザインや美術の分野で一般的に使われている。国鉄では、車両の塗色が多様化し始めた1950年代半ばからマンセル記号を使って色を表すようになった。

色相　明度　彩度

0.5YR　5.3 / 8.8

■色相：色の種類

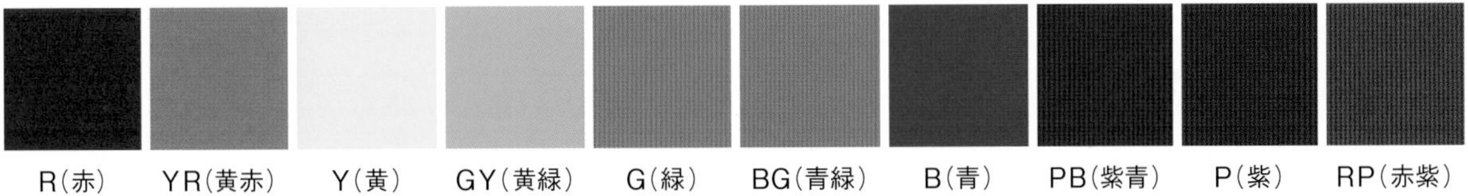

この10色を、さらに10分割して「5Y」などと表すが、国鉄色ではさらに小数点以下まで細分化して細かく表現する。

■明度：色の明るさ

0～10で明るさを示すのが原則だが、実際には１～9.5の範囲で表す。色相に関わらず１はほぼ黒であり、9.5はほぼ白となる。

■彩度：色の鮮やかさ

0を無彩（モノクロ）として、数字が大きいほど色が鮮やかになる。最大値は色相や明度によって変化する。

■無彩色

灰色などの無彩色は、明度のみを「Ｎ＋数字」で表す。

RGBとCMYK

デザインの現場で広く使われているマンセル記号だが、コンピュータや印刷の世界では、色の表現方法としてRGBとCMYKが広く使われている。国鉄色を構成する塗料では使われない概念だが、写真をはじめとする日常生活では欠かせない。RGBは光で、CMYKはインクで色を表現するため、表現できる色の範囲が微妙に異なる。また、金色や銀色などは、RGB・CMYKでは正確に表現できない。印刷では特色と呼ばれる特別なインクを使うこともある。

RGB

R（赤）　G（緑）　B（青）

加法混合と呼ばれる方式で表される、光などの発光体による原色で、「R（赤）」「G（緑）」「B（青）」の3原色から成る。3原色をすべて混合すると、白色となる。パソコンなどのディスプレイの色は、RGBで表現される。

CMYK

C（シアン）　M（マゼンタ）　Y（イエロー）　K（ブラック）

減法混合と呼ばれる方式で表される表現方法で、印刷物など光の反射によって認識される色を表す「C（シアン）」「M（マゼンタ）」「Y（イエロー）」の3原色から成り、すべてを混合すると黒色となる。印刷物では、通常「K（ブラック）」を加えてCMYKと呼ばれる。

マンセル値とRGB、CMYKは、一定の計算式によって変換が可能だが、全く同じ色にはならない。本書では、「国鉄車両関係色見本帳」1983年版に記載されたマンセル値を掲載し、RGB及びCMYKについては編集部独自の判断で算出・修正した数値を記載している。各写真に写っている車両は、光や時間、褪色状況によって色合いが変わるので、色見本とは印象が異なる場合がある。また、1984（昭和59）年以降に登場した色については、マンセル値は省略し、編集部によるRGB／CMYK値を参考までに記した（ジョイフルトレインを除く）。

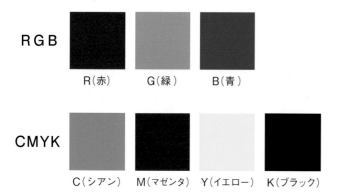

1950年代の国鉄色

1950（昭和25）～1959（昭和34）年

戦後の国鉄色は、湘南色から始まった。
1956（昭和31）年には「国鉄車両関係色見本帳」が作成され、
特急色、オレンジバーミリオンなど長く親しまれるカラーが登場していく。

1981（昭和56）年 11 月　東海道本線 根府川～真鶴間

湘南色　「伊豆の山々の緑とミカン色」にちなむ元祖国鉄色

■緑２号
マンセル値：10GY 3/3.5
RGB：R55 G79 B56／CMYK：C80 M60 Y83 K30

■黄かん色
マンセル値：4YR 5.5/11
RGB：R202 G112 B39／CMYK：C27 M66 Y93 K0

国鉄車両の車体の色とは、長い間単なる塗料の色にすぎなかった。しかし、1950(昭和25)年３月１日に東海道本線東京口や伊東線で営業を開始した80系電車の色はそうではない。当時国鉄の車両局次長であった井沢克巳氏は、車体外部の幕板部と腰板部とを緑、窓部を黄かん色としたこの電車の色の意味について「あれは伊豆の山々の緑とミカンの黄色なんですね」(「あの頃この頃戦後10年の回想」『交通技術』1955年10月号／交通協力会／６ページ)と語っている。

最初に登場した73両の黄かん色は赤みが強い朱色で、評判は芳しくなかった。国鉄は1950年7月製造分から黄色みを増やし、以後湘南色として親しまれるようになる。

80系以降、湘南色の車両は何代にもわたって製造された。この色をまとって製造された最後の車両は1982(昭和57)年6月28日製造の115系近郊形直流電車で、32年間にわたってつくられ続けたこととなる。

1979（昭和 54）年６月　飯田線 江島～東上間

■80系電車
前面の塗り分け方から「金太郎の腹掛け」と呼ばれる

クハ86形の前面の黄かん色は、窓上も窓下も中央に向かって弧を描くように面積が増え、人の顔のように見える２枚窓から「金太郎の腹掛け」と呼ばれた。全金属車の300番台は側窓の上下寸法が広げられたのに合わせ、黄かん色の面積が窓下に向けて広くなっている。後に黄かん色の下辺を従来車に合わせたものも現れた。

153系急行形直流電車　前面が黄かん色一色の独特なカラー

登場時に新湘南電車と呼ばれた153系は80系に引き続き湘南色を採用した。車体側面の塗り分け方は全金属車の80系300番台に準じており、窓回りの黄かん色が塗られる部分は車体に内蔵された窓上のウィンドーヘッダーと窓下のウィンドーシルとの間となっている。

特筆されるのは黄かん色一色に塗られた前面で、湘南色で新製された車両中、153系だけダークグリーンが前面に塗られていない。国鉄は理由を明確に示していないが、関連する資料を見ると、80系よりも高速の準急・急行列車主体で運転されるので、遠方からの視認性向上を目指したようだ。ともあれ、２色の塗り分けの車両のなかで前面が１色という153系の例は非常に珍しく、いまでも斬新に見える。

1981（昭和 56）年 11 月　東海道本線 根府川〜真鶴間

113系近郊形直流電車　黄かん色の面積が増え、前面は「赤ちゃんのよだれかけ」のよう

東海道本線東京口の普通列車用と、80系の後継車として登場した111・113系は湘南色を引き続き採用した。塗り分け方を見ると、窓上、窓下のダークグリーンの面積が狭められ、その分黄かん色の勢力が増している。153系と前面が似ているので区別のためであろうか。前面は左右の窓下でダークグリーンが斜めに切り取られている「Vカット」も特徴だ。「金太郎の腹掛け」ならぬ「赤ちゃんのよだれかけ」に見える。

1978（昭和53）年10月　上越線 八木原～渋川間

115系近郊形直流電車　前面窓下の塗り分け部分を横一直線として力強さをアピール

車両としての115系は113系と比べて多くの変更個所がある。だが、基本的に湘南色が採用された塗色であるとか塗り分けに関して違いはほとんどない。1カ所を除いては。その1カ所とは前面窓下の黄かん色とダークグリーンとの塗り分け方である。2つの塗料の境界線は、貫通扉に向けて横一直線に延びた「Uカット」が特徴だ。前面窓下を直線で塗り分けたおかげで力強さをイメージさせる結果となった。

1978(昭和53)年10月　上越線 津久田〜岩本間

165系急行形直流電車 前面のダークグリーンで山男の印象を与える

80系に始まる湘南色最後の新系列が、1963(昭和38)年に登場した165系だ。165系では側面窓下に塗られているダークグリーンがそのまま前面窓下まで延長された。湘南色の新性能電車で新製時から前面貫通扉部分もダークグリーンが塗られているのは165系だけだ。前面のこの色のおかげで引き締まって見え、主電動機の出力向上や抑速ブレーキの装備などと相まって山男の印象が強められた。

1980(昭和55)年3月　信越本線 長岡駅

クモニ83形　湘南色ながら窓上にダークグリーンがない荷物電車

車内全室が荷物室のクモニ83形はモハ72形またはクモユニ81形からの改造で54両が登場した。塗色は大多数が湘南色で、一部が後述のスカ色だ。種車がモハ72形のクモニ83形は同種の誕生経緯をもつクモユニ74形、クモユニ82形同様、湘南色ながら塗装は簡略化され、窓上にダークグリーンは塗られていない。黄かん色とダークグリーンとの境は窓下の腰帯(ウィンドーシル)下辺で、113系や115系と同じ位置だ。

1977(昭和52)年10月　総武本線 佐倉〜物井間

スカ色　本来は首都圏の主要な通勤路線で見られるはずだった色

■青15号
マンセル値：2.5PB 2.5/4.8
RGB：R36 G64 B93／CMYK：C92 M79 Y51 K16

■クリーム色1号
マンセル値：1.5Y 7.8/3.3
RGB：R214 G193 B153／CMYK：C21 M26 Y43 K0

横須賀線用の色ということで、俗にスカ色として親しまれているカラーだ。だが、この色は本来横須賀線の専用色として計画されたものではない。国鉄は戦後の酷使で荒廃した首都圏の電車の更新修繕を1949（昭和24）年度から実施し、まずは横須賀線用のモハ32形（後のクモハ14形）など65両の塗色を白砂青松をイメージするカラーとしてスカ色に塗り替えた。翌1950年度は中央線、山手線、京浜東北線用の電車の一部計230両もスカ色に変更する予定であったという。

しかし、恐らくは工期の短縮化や予算節減のため、230両の塗色変更は実現していない。一方で1951（昭和26）年に登場した横須賀線用の70系電車のスカ色が人々に強烈な印象を与えたため、横須賀線の色という印象はより強まる。標準色化を逃した色とも言えるが、それでも横須賀線用の電車が地方に転出して関西地区や広島地区でも見られるようになったのはせめてもの抵抗かもしれない。

東海道本線 保土ヶ谷～戸塚間

■113系0番台近郊形直流電車 登場時はクリーム色の面積が広かった

横須賀線に111・113系が登場したのは1963（昭和38）年10月1日。当初は湘南色だったが、乗り間違える人が多く、1965（昭和40）年6月以降はスカ色に変更された。湘南色に合わせて塗り分けはクリーム色の部分が広かったが、間延びしていると考えられたためか、後に狭められている。

113系1000番台　前面のタイフォンがインクブルー部分に下げられた総武地下線乗り入れ仕様

房総地区に1969（昭和44）年5月から投入された113系は、近い将来に総武地下線経由で横須賀線に直通する予定であったことから、スカ色で製造された。総武地下線での運転には当時の運輸省通達のA-A基準に準拠した防火対策を施すこととなり、専用の1000番台が誕生している。総武地下線の開業が1972（昭和47）年7月15日に決まるころ、信号保安装置にATCが採用されることとなり、マイナーチェンジが行われた。スカ色に関係する変更点はクハ111形に集中している。前面窓下でクリーム色の部分にあったタイフォンは腰部に下げられ、インクブルーとクリーム色との境界に移動した。ただしタイフォン自体の塗装はクリーム色1色で変わっていない。

1977(昭和52)年7月　両毛線 岩舟～大平下間

70系電車　元祖スカ色の電車は地方に転出して各地に伝える

本格的にスカ色をまとった70系が横須賀線にデビューしたのは1951(昭和26)年3月26日で、スカ色のモハ32形(後のクモハ14形)を身延線や飯田線へ追いやった。当初クリーム色は黄色みが強く、青色はやや薄かったが、113系が投入されるまでに変更されている。70系が横須賀線での運転を終えたのは1968(昭和43)年7月26日で、両毛線のほか新潟、長野、名古屋、関西、広島地区へと散っていく。

1977（昭和52）年7月　両毛線 岩舟～大平下間

クモハ51形　戦前生まれの3扉クロスシート車も70系と連結しても違和感なし

国鉄電車初の3扉クロスシート車がクモハ51形、クハ68形の一族だ。中央線用として製造されたときはぶどう色で、戦時中から1960年代にかけて関西地区に転出しても色は変わっていない。70系と連結されるようになると写真のようにスカ色に塗り替えられたものも現れる。色が揃えられてみると、前面の形状が異なるだけでそう大きな違和感がなかったのは基本的な考え方が同じだったからかもしれない。

1977（昭和52）年5月　飯田線 豊橋駅

クモハ52形 関西急電色で始まり、11色目のスカ色で引退した流電

流電ことクモハ52形（写真右）は塗色を目まぐるしく変えた電車として知られる。登場時の関西急電色、クリーム色とぶどう色に始まり、引退時のスカ色まで11回も塗色が変更された。最後の活躍を続けていた1978（昭和53）年10月2日のダイヤ改正で、飯田線の電車は湘南色に変わると言われる。12回目の塗色かと思いきや、何のことはない。クモハ52形を含めた従来の電車は引退し、80系に置き換えられたのだ。

■淡緑５号
マンセル値：0.5G 4.3/2.8
RGB：R87 G110 B88
CMYK：C72 M52 Y70 K8

■黄１号
マンセル値：2.5Y 8/13.3
RGB：R253 G193 B0
CMYK：C4 M31 Y90 K0

EF58形93号機

試験塗装の４号機を経て24両が青大将色に

青大将色に塗られたEF58形は東京機関区・宮原機関区所属の37・38・41・44～47・49・52・55・57～59・63・64・66・68・70・86・89・90・95・99・100号機の24両。1955(昭和30)年３月に試験的に塗装が変更された４号機が原型で、同機は車体腰部の淡い緑と黄との間に緑２号が塗られていた。なお、客車が１色だったのは塗装工程短縮のためだ。

1985(昭和60)年10月　大宮工場

青大将色　東海道本線全線電化をPRする新塗色

1956(昭和31)年11月19日の東海道本線電化完成により、東京～大阪間の特急「つばめ」「はと」は全区間電気機関車牽引となった。そこで、全線電化をPRする目的で客車70両とEF58形24両の塗色を変更。蒸気機関車の煤煙から解放されたことから明るい塗色が検討され、EF58形は淡緑と黄色との２色、客車は淡緑１色に塗り替えられて「つばめ」「はと」専用車となった。この色はブルートレインに先立つ特別色の最初である。

1980（昭和55）年４月　中央本線 東中野～中野間

オレンジバーミリオン

ぶどう色ばかりの通勤電車の中に現れた鮮やかなカラー

■朱色１号
マンセル値：0.5YR　5.3/8.8
RGB：R193　G106　B73／CMYK：C31　M69　Y73　K0

1957(昭和32)年に登場したモハ90系(後の101系)試作編成に初めて導入されたカラーである。バーミリオンとは朱色のこと。国鉄のいわゆる「新性能電車」の一番手に相応しい明朗なカラーとして、そして高速で走るため遠くからでも視認できるカラーとして採用された。一説には、国鉄工作局客貨車課長が、妻のセーターの色から着想したとも伝わる。

登場時は、現在よりも若干濃いオレンジ(マンセル値1YR 5.5/9.5)だったが、当時の塗料は褪色に弱く、時間の経過とともに色ムラが目立つようになった。そこで、褪色に強い顔料の研究と同時に褪色しづらい色が研究され、1963(昭和38)年頃から現在のマンセル値に落ち着いた。

中央線快速電車をはじめ、大阪環状線や片町線、あるいは宇部線などに採用された一方、朱色１号が帯色や車体の一部に使われる例は少なく、国鉄色の中でも独自性の高いカラーであった。

1980(昭和55)年4月　中央本線 東中野～中野間

■103系
中央快速線の冷房化を促進した

103系は、101系の教訓をもとに開発された駅間の短い路線向けの車両だが、1973(昭和48)年４月から中央快速線へも投入された。新製時から冷房装置を搭載し、主に特別快速に充当された。低運転台＋シールドビーム＋冷房装置という､103系としては比較的珍しい車両だったが、201系の登場により1983(昭和58)年3月までに撤退した。

101系　通勤電車のスタイルを確立するも高性能が足かせとなる

全金属軽量車体、2両に電動車に機器類を分散して配置するMM'ユニット方式、中空軸平行カルダン式駆動装置、発電ブレーキなど、現在に続く、国鉄・JR通勤電車の基礎を築いた車両だ。高回転・高出力ながら画期的に小型のMT46A主電動機を搭載し、全車電動車として、駅間距離の長い中央急行線(現在の快速線)において高加減速、高速運行を行おうとした。だが、10両編成すべてが電動車という仕様は使用電力が大きすぎ、加速力を抑えての運行を余儀なくされた。

鮮やかなオレンジバーミリオンだったが、初期の塗装は褪色に弱く、電動車の交換・組換えが行われると同じオレンジなのに車両ごとにまだらに見えるという現象も発生した。

1979(昭和54)年12月　大阪環状線 芦原橋駅

103系 大阪環状線 半世紀にわたり走り続けた大阪環状線の顔

大阪環状線は、1961(昭和36)年に全通するまでは城東線・西成線を名乗っていたが、1959(昭和34)年から、淀川電車区配置の旧性能電車である73系について、オレンジバーミリオン化が行われた。大阪環状線の全通と同時に101系を投入、さらに1969(昭和44)年には103系が登場した。写真の103系は、2017(平成29)年10月3日に運行を終了するまで、実に48年にわたり大阪環状線の顔として活躍した。

1979（昭和54）年12月　片町線 放出駅

103系 高運転台冷房車 片町線輸送近代化の立役者となる

城東・西成線（現・大阪環状線）と同じ淀川電車区の車両を使用していた片町線も、早い時期から73系などオレンジバーミリオンの旧性能電車が運行されていた。だが新性能電車の投入は遅れ、1976（昭和51）年に、103系冷房車が投入された大阪環状線から101系が転入するまで待つことになる。写真の103系高運転台冷房車は1979（昭和54）年10月に投入されたもので、新製投入から2カ月の美しい姿だ。

1981（昭和56）年３月　宇部線 岩鼻～際波信号場間

105系 短命に終わった中国地方のオレンジバーミリオン

1981年２月、輸送需要の小さい地方路線向けの通勤電車として、主要機器を１両の電動車に搭載した１M車の105系が登場、福塩線、宇部線、小野田線に投入された。宇部線と小野田線では、従来戦前型国電が国電警戒色（p173）で使用されていたが、新型車両らしい明るい塗色で警戒色も兼ねるオレンジバーミリオンが採用された。しかしまもなく瀬戸内色（p144）が登場し、同線のオレンジは短命に終わった。

塗装だけでも3回行った国鉄色の塗装工程

車両の塗装は、製造時か、または全般検査時など大規模な検査時に行われることが多い。国鉄車両の外板は、素地調製→下塗り1次→下塗り2次→パテ付け→研磨→中塗り→研磨→上塗り1次→研磨→上塗り2次という、10の工程を経て塗装された。

素地調製とは車体外板の錆を落とし、外板を適度に粗くして塗料を付着しやすくさせる作業だ。1時間ほど寝かせたら、下塗り1次という工程で防錆処理を施す。エポキシ樹脂プライマーの防錆塗料を塗ったら16時間ほど乾かし、もう一度塗る。続いてはパテ付けだ。車体外板表面にはどうしても1～2mm程度の凹凸ができる。これをポリエステル樹脂パテで埋めて平滑にしていく。6時間ほど時間を置いて合計4回行われるが、最近はパテ材の進化で2回に減った。

車体外板の凹凸が目立たなくなったら、研磨へと進む。電動工具のサンダーや、細かな場所は60～80番の比較的粗めの耐水ペーパーを用いて手で水研ぎを行う。この作業の優劣で塗装の出来が決まるので、慎重に行われる。

いよいよ塗装だ。最初は中塗りといって、下地の部分をポリウレタン樹脂サーフェーサーの塗料で塗っていく。塗り方は塗料に直接高い圧力を加えて高速噴射させるエアレススプレー法、または塗料の粒子に静電気を帯びさせて車体に吸着させる静電塗装法が一般的だ。約8時間乾燥させたら、150～220番の目の細かい耐水ペーパーを使って、ほぼ手作業で表面を平滑に整えていく。

次に、塗料となるフタル酸樹脂塗料で指定の色に塗装し、16時間以上乾かす。この塗料は耐候性、防食性に優れ、作業時の温度や湿気に左右されないので使いやすい。近年は乾燥時間の短いポリウレタン樹脂塗料も用いられるようになった。新幹線の車両は、フタル酸樹脂塗料の特徴に加えて耐衝撃性、耐薬品性に優れ、光沢も美しいアクリル樹脂塗料が開業時から採用されている。

塗料が乾いたら320～400番とさらに目の細かい耐水ペーパーで研磨を行い、もう一度指定の色をフタル酸樹脂塗料で塗る。塗料が乾いたら完成だ。

1978（昭和53）年10月　上越線 八木原～渋川間

特急色 国鉄を代表し、半世紀以上親しまれる看板カラー

■クリーム色４号
マンセル値：9YR 7.3/4
RGB：R208 G176 B137／CMYK：C23 M34 Y48 K0

■赤２号
マンセル値：4.5R 3.1/8.5
RGB：R132 G46 B54／CMYK：C50 M92 Y77 K20

特急は、「特別急行」が正式な種別で、「普通急行」を正式名称とする急行より早く目的地に向かう列車、より設備が良い列車として親しまれてきた。車体カラーはクリーム色をベースに窓周りは赤。当初は20系、形式称号改正にて151系となった最初の特急電車として登場し、1958（昭和33）年11月、東京～大阪・神戸間を結ぶビジネス特急「こだま」としてデビューした。続いて1960（昭和35）年12月に初の気動車特急である「はつかり」用として最初の気動車特急キハ81系、ボンネット型から貫通型となったキハ82系が登場。さらに1964（昭和39）年には最初の交直流特急形電車としてデビューした481系が加わり、その後も直流特急形電車は183系、189系、交直流形特急電車は485系、489系、気動車特急はキハ181系、キハ183系などの新形式車両が加わる。改正ごとに特急網は全国に拡大したが、この配色は変わることなく国鉄の看板列車の「顔」として走り続けた。

1978（昭和53）年10月　上野駅

上野駅の全盛期を彩った特急色

1982（昭和57）年11月に上越新幹線が開業するまで、上野駅からは仙台・盛岡・青森、平（現・いわき）、さらに新潟、長野、金沢方面まで、さまざまな行先の特急列車が、地平ホームと高架ホームから次々と発着。国鉄特急色をまとい、華やかな風景だった。写真左は金沢行き「白山」489系、右は新潟行き「とき」183系1000番台。

181系 意外に活躍時期が短かった電車特急のパイオニア

1958（昭和33）年、20系としてデビューした直流特急形電車である。1959（昭和34）年6月の車両称号規程改正にて151系となったグループと、1962（昭和37）年6月10日に上野～新潟間「とき」用として登場した161系から、1964（昭和39）年に主電動機出力の120kwへの向上をはじめとする改造を施したグループ、それ以降に増備となった車両にて構成される。1960（昭和35）年6月1日、特急「つばめ」「はと」の電車化に際しては、パーラーカーと呼ばれた展望車 クロ151形も誕生したが、1964年10月の東海道新幹線開業時に消滅。以後「とき」「あさま」「あずさ」などに活躍したが、1982（昭和57）年11月15日改正までに引退した。一部の先頭車は485系に改造されている。

1977(昭和52)年6月　阪和線 天王寺駅

キハ81系　ブルドッグの愛称で親しまれた元祖気動車特急

1960(昭和35)年12月、上野～青森間の特急「はつかり」にてデビューした最初の特急形気動車である。先頭車は151系に準じたボンネット型であったが、その形状から「ブルドッグ」とも称された。先頭車のキハ81形からキハ81系と称されたが、後述のキハ82形と合わせ、キハ80系と総称することもある。ほかに中間車のキハ80形とキロ80形、気動車最初の食堂車となったキサシ80形がある。

1985(昭和60)年7月　高山本線 上麻生〜白川口間

キハ82系　分割・併合を可能とし特急列車の活躍の幅を拡げた

キハ80系のうち先頭車が貫通型のキハ82形となったグループ。1961(昭和36)年10月改正にて、「かもめ」(新大阪〜長崎・宮崎間)、「まつかぜ」(京都〜松江間)、「つばさ」(上野〜秋田間)、「白鳥」(大阪〜青森・上野間)、「おおぞら」(函館〜旭川間)などの８列車に投入され、一挙に特急列車網が拡大した。分割・併合が可能となり、途中駅まで併結運転を行う「２階建て列車」としても使用され、活用の幅が広がった。

1977(昭和52)年11月　東北本線 金谷川〜南福島間

485系 電化区間ならどこでも走れた万能特急用車両

初の交直流特急形車両481系(1964(昭和39)年登場)が西日本の交流60Hz専用(先頭車ボンネットにひげと側面裾に赤帯)、483系(1965(昭和40)年登場)が東日本の交流50Hz専用(ボンネット部にひげのみ)だったのに対し、両方の区間を走行できる車両として1968(昭和43)年に誕生。形式を区別したのは電動車だけで、クハ481形、サロ481形、サシ481形等は「481」の続き車号にて製造を続けた。

1985（昭和60）年7月　伯備線 倉敷～清音間

キハ181系　強力なエンジンで山岳路線を中心に活躍

1968（昭和43）年10月改正にて大阪・名古屋～長野間の特急「しなの」用としてデビューした特急形気動車。キハ82系が180馬力エンジン2基搭載だったのに対して、本形式は500馬力エンジン1基を搭載。最高速度120km/h運転も可能な性能を保持していた。中央西線電化後は「つばさ」、「しおかぜ」、「南風」、「やくも」、「おき」、「まつかぜ」、「あさしお」、「はまかぜ」などさまざまな列車に使われた。

1973（昭和48）4月　東海道本線 保土ヶ谷～戸塚間

157系 首都圏の行楽列車で活躍するも短命に終わる

1959（昭和34）年9月22日、上野～日光間の準急「日光」、新宿～日光間の準急「中善寺」、上野～黒磯間の準急「なすの」にてデビューしたことから「日光形」とも称された。また東海道線特急列車の混雑救済のため、特急「ひびき」にても使用、併せて冷房装置も搭載となっている。東海道新幹線開業後は、伊豆に向かうは特急「あまぎ」として活躍したが、1976（昭和51）年2月、183系に置き換えられて引退した。

1977(昭和52)年4月　北陸本線 越中大門〜小杉間

489系 雑氷峠の協調運転に対応した485系の兄弟

1972(昭和47)年3月、急行から格上げされた「白山」(上野〜金沢間)にてデビューした車両だ。外観・内装とも485系と見分けがつかないが、信越本線横川〜軽井沢間にあった最大勾配66.7‰の碓氷峠を通過するため、同区間専用の補機、EF63形と協調運転するための機器を搭載していた。上野方の先頭車、クハ489形500番台には連結器カバーがなく、EF63形連結のためのジャンパ栓が設けられていた。

1977（昭和52）年10月　成田線 佐倉～酒々井間

183系 特急大衆化を主導しJR化後も長く活躍した電車

1972（昭和47）年7月、東京駅地下総武ホーム開業とともにデビューした房総特急用として誕生。地下区間を走行するため前面形状は貫通型に変更された。1974（昭和49）年12月には、上越線「とき」用として、耐寒・耐雪構造を強化した1000番台が登場、こちらのクハ183形は非貫通型だ。1975（昭和50）年5月、「あさま」用に登場した189系は、1000番台と同スタイルの碓氷峠対応形式だ。

1985(昭和60)年8月　中央西線 武並～恵那間

381系 初めて実用化された自然式振子装置を搭載

1973(昭和48)年7月、中央西線「しなの」にてデビューした車両。国鉄の営業用車両として初めて自然式振子装置を採用した。低重心化を徹底し、曲線通過時に車体を内側に傾斜させて、超過遠心力を小さくすることで曲線通過速度の向上を図っている。1978(昭和53)年10月、「くろしお」用増備車からは先頭車クハ381形が貫通型から非貫通型となり、100番台に区分されている。

1980（昭和55）年9月　札幌運転区

781系 耐寒・耐雪仕様を徹底させた北海道専用車両

北海道用として開発・製造された車両で、1978（昭和53）年11月に試作車900番台が登場して札幌～旭川間の「いしかり」に投入された。1980（昭和55）年には量産車が登場し、10月からは室蘭～札幌～旭川間の特急「ライラック」として運行された。当初は6両編成であったが、後に中間車のモハ781形、サハ780形に先頭車化改造を実施、1986（昭和61）年11月改正から4両編成となった。

1980(昭和55)年2月　函館本線 大沼公園～姫川間

キハ183系　特急色を守りながらもイメージを一新した特急形気動車

1979(昭和54)年9月、高運転台の非貫通型、角張った前面スタイルにて試作車が製造された特急形気動車で、1981(昭和56)年8月から量産車が登場している。極寒の北海道に向けた仕様を十二分に考慮し、前照灯は吹雪にも対応した4灯としている。1986(昭和61)年11月改正で増備されたグループは、駆動用エンジンをパワーアップ、先頭車には貫通型の500番台が誕生した。

1980（昭和55）年4月　室蘭本線 沼ノ端駅

ぶどう色 戦前から昭和30年代までの国鉄車両の標準色

■ぶどう色2号
マンセル値：2.5YR 2/2
RGB：R66 G48 B43／CMYK：C70 M76 Y77 K47

「ぶどう色」は、機関車、客車、電車のカラーとして戦前の鉄道省、戦後の国鉄色として永年親しまれてきた色だ。機関車のばい煙や汚れが目立たない、実用的な色として使われてきたが、「こげ茶色」と称した方がわかりやすい。

戦前から使用されていた、暗めのこげ茶色は後に「ぶどう色1号」と呼ばれたもので、戦後は、より赤みが強く明るい色合いの「ぶどう2号」が広く使われるようになった。ただしいずれもの名称も、後年制定されたもので、登場時には特に名称はなかった。

「ぶどう色」が正式名称に指定されたのは意外に遅く、1964（昭和39）年4月の車両管理規程の第9条第1項第11号と、同年7月30日、「車両塗色及び標記基準規程」によってである。「ぶどう色2号」は、ぶどうのデラウェアのような、赤紫の色をイメージしたのだろう。なお同色は、車内に表記される車両番号の文字色としても指定されている。

1986（昭和61）年8月 浜松工場

■ED11形 東海道本線電化とともに輸入

1925（大正14）年、東海道本線東京～国府津間、横須賀線大船～横須賀間が初めて電化された際にアメリカから輸入された電気機関車だ。2両が輸入され、当初1010形と称したが、1928（昭和3）年の称号改正にてED11形に。写真のED11 2は、浜松工場にて余生を過ごし、現在はJR東海の「リニア・鉄道館」にて保存されている。

スハフ32形 昭和初期の国鉄を代表する旧型鋼製客車

1929（昭和4）年、鉄道省が製造した鋼製20m、スハ32系グループの客車である。もっとも特徴的なのは、4人掛けボックスシートに窓が2つあることで、デビュー当時の形式はスハフ34200形、1941（昭和16）年の称号改正にてスハフ32形となっている。形式の「フ」は緩急車、車掌室がある車両で、全105両が在籍した。旧型客車を代表する車両の一つであり、末期には上野～福島間の普通列車としてEF57形に牽引された姿が記憶に残っている。国鉄末期までに、JR東日本に承継されたスハフ32 2357のみを残して廃車。この1両は動態保存され、「SLぐんまみなかみ」などに使用されている。写真のスハフ32形は、室蘭発岩見沢行の室蘭本線の普通列車だ。

1977（昭和52）年6月　南武線 尻手駅

72系 戦後の復興を支えた元祖・国電型

戦時中の1944（昭和19）年に登場した「ロクサン形」がベースの通勤用電車で、戦後の復興・発展に大きく寄与した車両だ（写真右）。片側4扉という構造は現在の通勤系車両にも受け継がれている。一部に木造を残した半鋼製車だったが、後に全金属性の920番台が登場し、1957（昭和32）年まで増備された。首都圏の中央線、山手線、京浜東北線、総武線、常磐線などのほか、関西圏の大阪環状線などでも活躍した。

1980（昭和55）年4月　東海道本線 山崎～高槻間

EF58形61号機　栄光のお召し牽引機として気品あるぶどう色を維持

1946（昭和21）年～1958（昭和33）年８月にかけて172両が製造された国鉄の旅客用直流形電気機関車を代表する形式だ。東海道本線の電化区間が延びるに従い活躍の場を増やし、特急「つばめ」、「はと」も牽引したほか、ブルートレインの牽引機としても活躍。写真のEF58 61は、お召し列車を牽引する指定機であったため、「ぶどう色」を最後まで継続した。

1986（昭和61）年10月　大崎駅

御料車　天皇・皇后両陛下が乗車される特別な車両

お召し用客車で、輝く「ぶどう色」が美しい。お召し列車は５両編成で、写真の１号御料車は、編成中央に連結されて天皇陛下、皇后陛下が乗車される車両で、現在の車両は1960（昭和35）年に製造された。その前後の客車は随員が乗車する供奉車だ。機関車と連結される両端の２両は、各車両に電源を供給する電源車。うち１両は車掌室のほか、半室ぶんの座席が設置され、関係者たちが乗車する。

1977(昭和52)年6月　武蔵野線 梶ケ谷貨物ターミナル駅

EF13形 EF58形の旧車体を流用した異色の電気機関車

1944(昭和19)年に登場した電気機関車。当初は凸形であったが、1953(昭和28)年から1957(昭和32)年にかけて箱形に改造されたEF58形の旧車体を流用し、31両すべてが写真のようなデッキ付きの機関車となった。貨物列車牽引が中心であったが、中央東線などにて旅客列車にも使用された。中央東線では、冬季に暖房車を連結した旅客列車も印象に残る。1979(昭和54)年に引退した。

1980(昭和55)年3月　信越本線 見附～帯織間

EF15形 国鉄全盛期の貨物輸送を支えた名機関車

1947(昭和22)年～1958(昭和33)年に製造されたデッキ付きの電気機関車で、202両が製造された。デッキ付きであることから貨物駅等での入換え作業にも有利で、貨物列車の牽引機として活躍。側窓配置の違いによって初期型と後期型があり、写真は側窓が中央部に5つある後期型だ。初期型はここが3つであった。貨物列車の大幅削減に伴い、1986(昭和61)年11月改正にて第一線を退いた。

2001（平成13）年８月　飯田線 三河東郷～大海間

ED18形　複雑な経緯をたどったイギリス製電気機関車

東海道本線電化に際して輸入された電気機関車で、イギリスのイングリッシュ・エレトリック社製。6000形→ED52形→ED18形となったグループと、1040形→ED50形→ED17形→ED18形となったグループがあり、写真のED18 2は後者。1955（昭和30）年にED17 16を種車に軸重軽減改造を実施、飯田線にて活躍した。1992（平成４）年に、観光列車牽引機として復籍し、2009（平成21）年まで在籍した。

1986(昭和61)年10月　大宮工場

DD13形　416両が製造され全国の基地で活躍した入換用機関車

1958(昭和33)年～1967(昭和42)年にかけて416両を新製、操車場や車両基地にて入換作業に従事した入換用機関車を代表する形式。製造年次により前照灯の2灯化、エンジンを370馬力から500馬力へアップ(111～)したほか、使用線区の気候条件を踏まえて耐寒耐雪面を強化した300番台、重連総括制御の機能の付加された500番台、500番台の寒地用である600番台などがある。

■地：青15号
マンセル値：2.5PB 2.5/4.8
RGB：R36 G64 B93
CMYK：C92 M79 Y51 K16

■帯：クリーム色1号
マンセル値：1.5Y 7.8/3.3
RGB：R214 G193 B153
CMYK：C21 M26 Y43 K0

20系
高度経済成長とともに歩んだ歴史的車両

1958(昭和33)年10月に、東京～博多間の寝台特急「あさかぜ」に投入された特急形客車で、他形式との併結を考慮しない固定編成、空調完備、空気ばねによる滑るような乗り心地と、それまでの国鉄夜行列車のレベルを一気に引き上げた。しかし、高度経済成長期にあっては設備の陳腐化も早く、登場から20年後の1980年代には急行主体の運用となっていた。

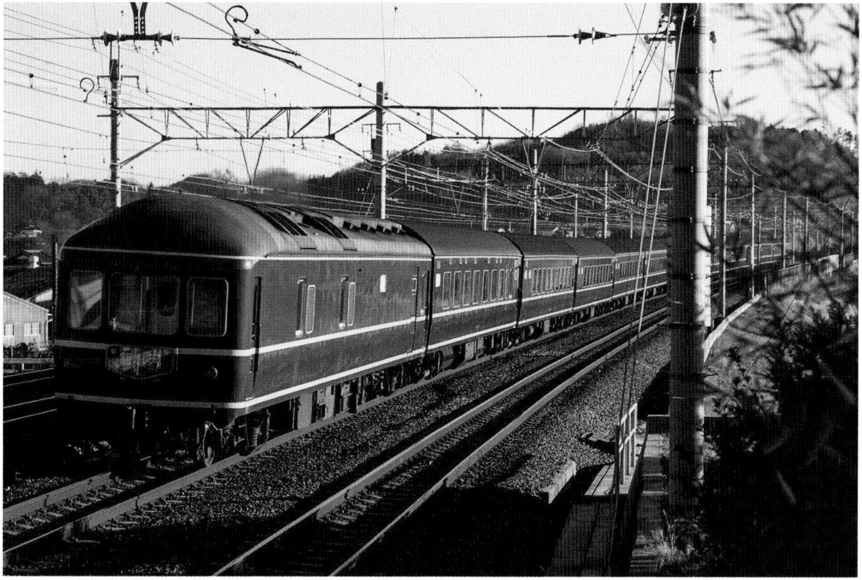

1981(昭和56)年1月　東海道本線 大磯～国府津間

寝台客車色 「ブルートレイン」を生んだ深みあるブルー

元祖「ブルートレイン」として一時代を築いた、20系特急形寝台客車の塗色である。曲線を活かした美しい車体デザインと相まって人気を博した。ベースカラーの青15号は、夜空の下を走る寝台特急としてのイメージでもあったが、同時にまだ多かった蒸気機関車の煤煙による汚れを目立たなくするための配色でもあった。青15号は20系客車での好評を受けて広く客車に使用されるようになった(近代化改造旧型客車色→p106)。

1977(昭和52)年3月　千歳線 白石～新札幌間

一般形気動車色

遠方からの明視性が求められた結果、決められた色

■朱色４号
マンセル値：9R 4.3/11.5
RGB：R179 G69 B44／CMYK：C37 M86 Y93 K2

■クリーム色４号
マンセル値：9YR 7.3/4
RGB：R208 G176 B137／CMYK：C23 M34 Y48 K0

2012（平成24）年7月 山口線 篠目駅

気動車は客車列車よりも高速で走ることから、遠くから見て目立つ色が求められた。この結果、戦後に登場した液体式一般形気動車はぶどう色に塗られていない。ただし、写真のように前面、側面とも窓回りをクリーム色、窓上と窓下とを朱色とした一般形気動車色は当初は採用されず、窓回りは黄かっ色２号、窓上に窓下は青３号とに塗られていた。

一般形気動車色が初めて登場したのは1959（昭和34）年度の半ばのことだ。当時増備が続けられていたキハ20系（キハ 20・52形）は途中から塗色が変更となり、キハ20系以前に製造されていたキハ 17系（キハ 10・17形）などの一般形気動車の塗色も順次変えられていく。

1978（昭和53）年10月2日のダイヤ改正時に塗色規程が改められ、一般形気動車色は廃止され、首都圏色（p130）へ塗り替えられることとなった。塗装工程を短縮のために１色とされたのはやむを得ない。だが、湘南色は存置されたので、電車との格差が目に付いた。

褪色が目立つと言われ変更された色もあった

国鉄色の中には、褪色が目立つとされた色もあった。例えば首都圏色（p130）に使われた朱色５号は、キハ37形では赤11号に変更されたほどだ（p152）。国鉄に納入される塗料は一定の防食性や耐候性を備えていたが、気動車のように決まった編成を組まない車両は、塗装時期がまちまちな車両同士が連結されて色の違いが目立った。

キハ22形　急行形気動車色に塗られた姿も見たかった一般形気動車

キハ20系の極寒地版であるキハ22形は1958（昭和33）年に登場し、翌1959（昭和34）年の途中まで製造された１～34の34両は黄かっ色２号、青２号に塗られていた。一般形気動車色として新製されたのは1959年秋に登場の35以降だ。キハ22形の増備は続けられ、０番台は1963（昭和37）年度までに１～170の170両が登場。以降は車内の照明装置が蛍光灯付きの200番台となり、1966（昭和41）年までに201～343までの143両と合わせて313両が製造される。キハ22形は寒さ対策としてデッキを備えつけたため、客用扉が車端部に寄せられて急行形のような姿となった。実際に急行列車に投入されたこともあり、急行形気動車色で活躍しているところを見てみたかった人は多いに違いない。

1980（昭和55）年2月　松前線 渡島大沢〜友部間

キハ21形　キハ20系当初の寒冷地版として登場したものの……

キハ20系の寒冷地版として1957（昭和32）年に登場したキハ21形の外観は、キハ20形とあまり変わらない。客室の窓は二重となり、運転士側の前面窓には曇り止めのデフロスタが装着された点などが違う。酷寒地では対策不足とされ、同年度分の84両で製造が打ち切られ、翌年以降はキハ22形が製造された。道内配置のキハ21形の前面左側の窓下の朱色部分には、北海道独自となる形式番号が白色で記されていた。

1980（昭和55）年2月　釧路駅

キハ12形 引退まで全車北海道で活躍したキハ17系の寒冷地版

キハ17系初の寒冷地版は1956（昭和31）年に製造されたキハ11形100番台だ。しかし暖房器を排気から軽油燃焼湿気式独立暖房に変えただけでは寒すぎると、同年秋に客室窓を二重としたキハ12形が登場する。後に登場するキハ21形と比較するとデッキが付いているだけあって、冬の車内も耐えられないというほどではなく、22両製造されたキハ12形は1980（昭和55）年の引退まで全車北海道で活躍を続けた。

1977（昭和52）年7月　筑豊本線 直方～勝野間

キハ17形　車体は小ぶりで薄い外板から塗料は浮いているよう

国鉄初の量産形液体式ディーゼル動車キハ17形は軽量化のため、車体は小ぶりで外板も薄い。そのためか写真を見ると塗料の乗りがよくないものが多い。当初の窓回りは黄かっ色２号、後にクリーム色４号、窓上や窓下は当初青15号、後に朱色４号に変更された。黄かっ色またはクリーム色の範囲は、窓下では車体外側に飛び出したウィンドーシル部分まで、窓上は乗務員扉、客用扉の上辺までだ。

1979（昭和54）年7月　鹿児島本線 博多駅

キハ45形　一般形気動車色ながら、朱色の部分が広く見える

国鉄は1966（昭和41）年に近郊形液体式ディーゼル動車としてキハ45系（キハ23・45形）の製造を開始した。近郊形とはいうものの、車体の塗色は一般形気動車色と同じだ。写真を見ると、キハ20系に比べて朱色の面積が大きいことに気づく。窓下の部分は横形機関の搭載で車体の高さがレール面に向けて延ばされたからで、前面の窓上部分の広さはこの部分をキハ20系の丸めた形状から切妻形状へと変えたからだ。

1978（昭和53）年5月　高山本線 高山駅

キユニ28形　一般形気動車色として最後に登場した新形式

郵便荷物合造車のキユニ10番台の車両は1970年代後半になると老朽化が目立ち、置き換えが必要となる。国鉄はキロ28形の機器を流用し、キハ40系に準じた台枠や車体をもつキユニ28形を1978（昭和53）年から28両改造した。美濃太田機関区、奈良運転所、広島運転所、小郡機関区に配置された1～6の6両は塗色規程改正前に登場したので一般形気動車色に塗られ、7以降の首都圏色とはイメージが異なる。

1979（昭和54）年7月　長崎本線 神埼～伊賀屋間

キハユニ26形 形式番号は準急形ディーゼル動車で色は一般形気動車色

準急形ディーゼル動車のキハ55系にキハ26形が存在するので、形式名だけを見るとキハユニ26形が一般形気動車色に塗られているのは妙に思えるかもしれない。実はキハユニ26形はキハ20系の一員で、1958（昭和33）年から1965（昭和40）年にかけて59両製造された。キハユニ26形はキハ25形をベースとした暖地向け。一方で寒冷地向けのキハ21形をもとにしたキハユニ25形もあり、ややこしい存在でもあった。

1980（昭和55）年11月　札幌運転区

試験車色　施設の維持管理に使われる事業用車両

■青15号
マンセル値：2.5PB 2.5/4.8
RGB：R36 G64 B93／CMYK：C92 M79 Y51 K16

■黄５号
マンセル値：2.5Y 7.5/8.8
RGB：R225 G181 B74／CMYK：C17 M33 Y77 K0

形式称号に「ヤ」が入った事業用車両に属する車両だ。事業用車とは、軌道や架線の検測や乗務員の訓練などに使用される車両の総称だ。試験車は軌道施設の維持管理に用いられた。車両塗装は、ブルートレイン20系やその牽引機EF65形、さらには寝台電車583系と113系スカ色の青と同色であるインクブルーの青色15号をベースに、前面の帯色に警戒色とも呼ばれた黄色５号を採用。こちらは中央・総武緩行線の101系、103系、201系と同色の、「カナリアイエロー」(p71)と呼ばれた色である。どちらも国鉄を代表する車両に使われた色で、事業用車も新製時にはこれらの車両に負けない美しさを誇っていた。

この塗装の車両は、ここで紹介するキヤ191系、マヤ34形のほかに、電気検測用クモヤ193系、車両基地の入換作業、工場入出場車の牽引等に従事したクモヤ145形、クモヤ143形、配給車クモル145系、そして教習車クヤ165形が在籍、活躍していた。

1980(昭和55)年2月　函館本線 大沼公園～姫川間

■マヤ34形
走行用とは別に測定用台車を履く

軌道を測定する軌道試験車。測定用の台車を履いている３台車であることが特徴で、機関車や電車に牽引されて、通常の運転速度にて測定しながら全国各地を走行した。車内には軌道の状態を記録する記録台、データ処理室、成績処理室、電源装置のほかに休憩用の寝台設備もあった。全部で10両が製造された。

キヤ191系　全国の電気設備を検測した万能検測車

1974(昭和49)年８月に登場した電気検測用の気動車で、キヤ191形とキヤ190形の２両編成にて運用する。キヤ191形は信号系統を測定するため、測定用の電源設備のほかにATS地上子、踏切制御、軌道回路を測定するための機器を搭載する。キヤ190形は架線系統を測定するため、測定用にパンタグラフを2基搭載。ドームから架線の摩耗度・架線の変位などの監視、架線わたり部のトロリー線の位置測定などを実施しているほか、測定用の記録装置を搭載している。気動車であるため、非電化区間も自力走行できるほか、交流・直流いずれの電化区間でも測定できることが特徴で、３編成が在籍していた。2008(平成20)年までに廃車となっている。

1982（昭和57）年10月　北陸本線 新疋田～敦賀間

交直流電気機関車色

一目で交直流用車両とわかる由緒正しい国鉄色

■赤13号
マンセル値：3.5R 3.8/6
RGB：R136 G74 B77／CMYK：C53 M79 Y65 K12

交直流電気機関車は、交直流急行用電車や交直流近郊用電車と同じ、あずき色とも呼ばれた赤13号を使用していた。交直流車両とは、変電装置を搭載し、直流と交流との境界であるデッドセクション通過時に、車上切替え装置によって直流と交流とを切り替える方式を採用している車両だ。国鉄末期になると、電車を中心にそれぞれの地域カラーを採用する例が増えたが、交直流車両については必ず赤13号を使用するというルールが守られ、一目で判別できた。

もっとも、JRの時代を迎えると、EF81形電気機関車がJR東日本では北斗星色、JR西日本ではトワイライトエクスプレス色となったように、牽引する客車との統一を図った機関車も登場した。なお、関門トンネル用のEF30形は、交直流機ながらステンレス製のため、赤13号を採用していない。

1978（昭和53）年11月　常磐線 藤代〜佐貫間

■EF80形
国鉄末期まで常磐線で活躍した

1962（昭和37）〜1967（昭和42）に63両が製造された交直流電気機関車だ。交流は50Hz専用で、東京の田端機関区をベースに常磐線用として活躍した。貨物列車牽引のほか、ブルートレイン「ゆうづる」の牽引機としても活躍していたが、1986（昭和61）年までに全機廃車。最終機ＥＦ80 63が碓氷峠鉄道文化むらにて保存されている。

EF81形　令和の今も活躍を続ける万能電気機関車

1968（昭和43）年12月〜1979（昭和54）年9月にかけて152両が製造された交直流電気機関車の代表形式で、直流機のEF65形をベースに開発された。直流はもちろん、交流50Hz・60Hzのどちらの区間も走行できる万能電気機関車だ。交流2万Vの電気を主変圧器にて1500Vに降圧、主整流器にて直流に変換して走ることから、これら交流系の車両は「走る変電所」とも呼ばれている。写真の北陸本線を走っていたEF81形は、大阪から青森までの通称日本海縦貫線で、関西圏の直流電化区間から交流60Hz、直流、交流50Hzと、国鉄のすべての電化方式を１台で走りきった。関門トンネル用の300番台もあったが、こちらはステンレス製で指定色は採用していなかった。

1985（昭和60）年４月　鹿児島本線 赤間～海老津間

交流電気機関車色

鮮やかな「えんじ色」が個性豊かな機関車たちを彩った

■赤２号
マンセル値：4.5R 3.1/8.5
RGB：R132 G46 B54／CMYK：C50 M92 Y77 K20

1978（昭和53）年２月　函館本線 伊納～近文間

交流専用の電気機関車は、「えんじ色」とも称される赤２号１色に塗装されている。「レッドトレイン」と呼ばれて親しまれた50系客車と同色だ。

交流電気機関車は、東北地方、北陸地方のほか北海道や九州の電化区間を中心に走った機関車で、それぞれの地域の実情に合わせた特徴のある機関車が多い。最大数を誇ったED75形をはじめ、33‰の急勾配区間が続く板谷峠のある奥羽本線福島～米沢間に対応したED78形、磐越西線郡山～会津若松間のED77形、さらに交流電化の礎として、その発展に尽くした北陸本線用のED70形と東北本線用のED71形、九州用のED72形交流電気機関車など、多くの機関車が同色であった。これら交流電気機関車は、「動く変電所」と呼ばれたが、半導体技術の進展に合わせて、整流子電動機方式から水銀整流器方式、無電弧タップ切換、サイリスタ位相制御へと変わっていった。

■ED76形500番台
ED75形をベースとした北海道仕様

北海道の電化区間である函館本線小樽～旭川間にて活躍した。主に旅客列車を牽引し、50系51形客車を牽引して走る姿は、カラーも統一された編成美が印象的であった。０・1000番台とは異なり貫通扉を備え、サイリスタ位相制御方式を採り入れていたことも特徴だ。現在は小樽の博物館や幌内の三笠鉄道記念館にて保存されている。

ED76形　九州ブルートレインも牽引した汎用機関車

1965（昭和40）年８月～1979（昭和54）年８月にかけて製造された機関車だ。０番台と、高速列車用にブレーキ増圧装置を装備した1000番台は九州地区にて使われた。貨物列車だけでなく旅客列車も牽引したため、客車に暖房用のスチームを送るSG装置を装備。軸配置はB-２-B、入線線区ごとに許容範囲が異なる軸重（車軸にかかる重さ）を考慮して空気バネ式の中間台車を履き、空気圧を調整することで動軸重を14.8ｔ～16.8ｔに可変できることが特徴だ。鹿児島本線全線電化に対応して1970（昭和45）年５月に増備された31号機からはパンタグラフを菱形から下枠交差式に変更、1000番台もこの時にデビューしている。

1977(昭和52)年4月　北陸本線 呉羽〜富山間

EF70形　北陸トンネルの勾配に対応した機関車

1962(昭和37)年6月開業の北陸トンネルに対応して、1961(昭和36)年〜1965(昭和40)年に製造された機関車。北陸トンネル内の勾配に対応するため、交流機では初の軸配置B-B-BのF形を採用。北陸本線田村から当初は福井まで、電化延伸とともに糸魚川まで運転された。信越本線の直流電化によって交直セクションが糸魚川〜梶屋敷間にも設置され、1985(昭和60)年3月改正にて引退した。

1977（昭和52）年7月　鹿児島本線 遠賀川～海老津間

ED73形　特急・貨物牽引仕様があだとなる

1962（昭和37）年から翌年にかけて製造された機関車。交流電気機関車の草創期から発展期に製造され、水銀整流器を搭載、制御方式は高圧タップ切換方式・水銀整流器格子位相制御・弱め界磁制御であった。1968（昭和43）年には、ブルートレインや高速貨物列車の牽引を踏まえて1000番台に改造されたが、客室に暖房を送るSGを非搭載だったため普通列車の牽引ができず、1982（昭和57）年に引退した。

1980（昭和55）年6月　東北本線 盛岡駅

ED75形 シリコン整流器を搭載した交流用電気機関車の標準機

半導体技術の進歩によって水銀整流器からシリコン整流器搭載と変わった交流電気機関車。1963（昭和38）年12月に登場、東北本線を中心に活躍した。高速列車牽引用の1000番台、奥羽本線秋田～青森間用の700番台のほか、九州には300番台、北海道用には500番台も登場。700番台の一部は、1988（昭和63）年3月に開業した青函トンネル向けのED79形に改造された。

1960年代の国鉄色

1960（昭和35）～1969（昭和44）年

カナリアイエロー、うぐいす色、スカイブルーなど、国電カラーが出揃った時代。
電気機関車や電車では、電化方式によって色を使い分けるルールも確立し、
全国を鮮やかな列車が走った。

1979(昭和54)年7月　東海道本線 保土ケ谷～戸塚間

寝台特急列車牽引機色

寝台特急列車、高速特急貨物列車を牽引する直流電機色

■青15号
マンセル値：2.5PB 2.5/4.8
RGB：R36 G64 B93／CMYK：C92 M79 Y51 K16

■クリーム色１号
マンセル値：1.5Y 7.8/3.3
RGB：R214 G193 B153／CMYK：C21 M26 Y43 K0

1989（平成元）年８月　東海道線 二宮～大磯間

20系客車による東京～九州間の寝台特急列車は1963（昭和38）年12月20日から客車が１両増結されて15両編成になった。東京～下関間で牽引を担うEF58形直流電気機関車では牽引力が足りないと、貨物列車牽引用のEF60形に寝台特急列車の牽引に必要な装備を搭載した500番台が製造された。

当時、EF60形をはじめとする直流電気機関車の塗色はぶどう色であった。だが、500番台は特急列車牽引用ということで、20系と同じ青色とクリーム色とで塗り分けられた。側面のクリーム色の帯の位置は20系の窓下の帯と合わせられ、前面は警戒色を兼ねてクリーム色の面積が広い。

この塗色は寝台特急列車牽引機色と呼ばれるが、対象の列車はほかにもある。10000系高速貨車を使用して1966（昭和41）年10月１日から運転を開始した最高速度100km/hの高速特急貨物列車で、牽引機のEF65形500番台（F形）にもこの塗色が指定されたからだ。

■EF66形
高速特急貨物列車用から転身

EF66形は1000トンの貨物列車を１両で最高速度時速100kmで牽引するために開発され、1968（昭和43）年10月１日から高速特急貨物列車改め特急貨物列車の牽引に従事する。寝台特急列車牽引機色に塗られているのはこの目的のためだ。1985（昭和60）年３月14日からは客車の増結でEF65形では牽引力不足となった寝台特急列車の牽引も開始する。

EF65形500番台　二代目寝台特急列車牽引機、そして初代高速特急貨物列車牽引機

EF60形500番台は弱め界磁の多用で主電動機のトラブルが多発し、改良型の投入が望まれる。また、1968（昭和43）年10月1日から寝台特急列車の最高速度を95km/hから110km/hへと引き上げる計画が立てられ、ブレーキ性能を強化した新型機が必要となった。一方1966（昭和41）年10月1日から最高速度100km/hの高速特急貨物列車が新設され、ブレーキ性能を強化し、併せて重連総括制御機能をもつ直流電機も要求される。EF65形500番台は両者に対応した直流電機だ。501～512・527～531・535～542号機の25両はP形と呼ばれる寝台特急列車牽引用で1965（昭和40）年10月1日から20系の先頭に立つ。513～526・532～534号機の17両は高速特急貨物列車牽引用でF形と呼ばれる。

1979（昭和 54）年6月　東海道本線 保土ケ谷～戸塚間

EF65形1000番台　明視性確保のための銀帯はクリーム色で十分と姿を消す

EF65形P形とF形の特徴を兼ね備え、本格的な重連用として前面に貫通扉、また耐寒耐雪構造をもつ機関車だ。1969（昭和44）年に登場、東北本線で特急貨物列車を牽引し、翌1970（昭和45）年7月1日から特急「あけぼの」の牽引で寝台特急列車も担当した。塗色はP形、F形と同じながら、前面のステンレス製の銀帯が姿を消す。これは明視性確保のためだったが、クリーム色の塗装で十分と省略された。

■黄5号
マンセル値：2.5Y 7.5/8.8
RGB：R225 G181 B74
CMYK：C17 M33 Y77 K0

201系

「省エネ電車」として首都圏と京阪神で活躍

1979(昭和54)年に試作車が登場し、中央快速線に投入された電機子チョッパ制御の電車で、制動時に発生した電気を架線に戻す電力回生ブレーキを装備したことなどから「省エネ電車」と呼ばれた。運転席周辺を黒く装飾するブラックフェイスを定着させた電車でもある。中央・総武緩行線には1982(昭和57)年に投入、2001(平成13)年まで活躍した。

1985(昭和60)年3月　中央本線 飯田橋駅

カナリアイエロー

元は山手線用の新型車両のカラーとして登場

中央・総武緩行線のラインカラーとしてお馴染みの色で、マリーゴールドイエローとも呼ばれる。元々は1961(昭和36)年、山手線に投入された101系のカラーとして登場したもので、当初の指定色はやや明るい黄(マンセル値2.9Y 8.5/9.6)だった。1963(昭和38)年に山手線へうぐいす色(p92)の103系が投入されると、カナリアイエローの101系は中央・総武緩行線に転出し、この時初めてラインカラーのコンセプトが生まれた。

1980(昭和55)年　千歳線 沼ノ端～植苗間

急行形気動車色

特急形、一般形と識別するための配色と塗り分け

■クリーム色１号
マンセル値：1.5Y 7.8/3.3
RGB：R214 G193 B153／CMYK：C21 M26 Y43 K0

■赤11号
マンセル値：7.5R 4.3/13.5
RGB：R191 G55 B45／CMYK：C31 M91 Y90 K1

国鉄のディーゼル動車は一般形、準急形、特急形ときて、1961(昭和36)年に急行形が登場する。3月デビューの北海道向けキハ56系（キハ56形・キハ27形・キロ26形)、4月登場のアプト区間対応のキハ57系(キハ57形・キロ27形)、5月投入の本州・四国・九州向けキハ58系（キハ58形・キハ28形・キロ28形)だ。国鉄はこれらの気動車向けの新たな塗色として、窓回りを赤色、窓上と窓下とをクリーム色とする塗り分けを誕生させた。

文字で記すとこの塗色は配色、塗り分け方とも特急形と酷似している。しかし、特急形の赤色が赤みの濃いえんじ色であるのに対し、急行形の赤色は黄みがかったスカーレットで、両者が並んでもはっきりと区別がつく。なお、国鉄は急行形と一般形気動車との識別を付けやすいよう、塗り分け方を反対にしたという。しかし、急行形とは異なり、一般形は赤色ではなく、スカーレットよりも赤みの強い朱色となっている。

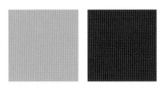

1980(昭和55)年3月　山陰本線 岡見～鎌手間

■キハ58系
日本全国を駆け巡ったキハ56・57・58系の中心的な存在

キハ56・57・58系は1823両が製造され、このうち最多はキハ58系の1524両で、内訳はキハ58形の859両、キハ28形の444両、キロ28形221両である。修学旅行用のキハ58形19両、キハ28形13両以外はすべて急行形色で製造された。数多くの国鉄色のうち、運転室を備えた形式としては機関車を除くとキハ58形が最多となる。

キハ56系　どこにいても、耐寒耐雪強化形でも急行形気動車色の塗り分けは同じ

例えば同じ湘南色でも急行形直流電車の塗色は153系と165系とで異なり、同じ153系でも前面は低運転台形と高運転台形とで違った印象となる。しかし、キハ56・57・58系の急行形の前面は高運転台に統一されているし、写真の北海道向けのキハ56系であろうと、本州以南向けのキハ 57・58系であろうと前面の赤色の塗り方は同じだ。後に湘南色の塗り分け方が系列によって微妙に異なるわずらわしさが生じたのと対照的である。この塗色の特徴は乗務員室扉をクリーム色一色に塗り、側面窓回り、前面窓回りそれぞれの赤色が、塗られている場所の高低差をうまく処理している点だ。後年になって特急形直流電車の183系1000番台や189系でも採り入れられたのは興味深い。

1977(昭和52)年10月　羽越本線 小砂川～上浜間

キハ55形　準急色、特急色、急行色と塗り替えられた経歴をもつ

上野～日光間の準急「日光」用としてデビューしたキハ55系（キハ55・26形）は当初、車体全面をクリーム２号、窓下に赤２号の帯という準急形気動車色であった。1959（昭和34）年に窓回りは赤２号、窓上・窓下はクリーム色２号と、配色、塗り分けともに特急色に変更される。キハ58系のデビュー後急行形気動車色に塗り替えられたので、キハ55系は準急形、特急、急行形気動車各色をまとった系列となった。

1977(昭和52)年7月　筑豊本線直方～勝野間

キハ66・67形　近郊形ながら急行形気動車色に塗られてデビュー

北九州地区の快速用として1975(昭和50)年3月10日にデビューしたキハ66・67形は、当時の近郊形車両と比べると格段に豪華であった。転換腰掛や冷房を備え、空気ばね台車の装着や側面には行先表示器が取り付けられていたからだ。登場と同時に急行「日田」(直方～由布院間)、「はんだ」(門司港～由布院間)としても運行された関係か、近郊形ながら急行形気動車色に塗られていたのが特徴だ。

1978（昭和53）年11月　中央本線 高尾～相模湖間

修学旅行色　思い出づくりの一助となるよう、中学生の公募で決定

■朱色３号
マンセル値：8.5R 5/15
RGB：R218 G72 B40／CMYK：C18　M85　Y88　K0

■黄５号
マンセル値：2.5Y 7.5/8.8
RGB：R225 G181 B74／CMYK：C17　M33　Y77　K0

車両不足で乗車率150％という修学旅行を余儀なくされる中学生の窮状を救うため、教育関係者たちは1958（昭和33）年に東京都修学旅行委員会、京阪神三市中学校連合修学旅行委員会を結成する。関係者の努力は翌1959（昭和34）年４月に155系として実を結んだ。

155系の配色、塗り分けは中学生から募集した結果がもととなった。決め方は東京都、京阪神三市中学校連合の両委員会から各中学校へ画用紙に印刷された電車の外観図が２枚渡され、色数は２色として好きに塗ってもらうという内容だ。結果は赤色と黄色との組み合わせが最も多く、155系は窓回りを朱色３号、窓上・窓下を黄１号として登場した。

国鉄車両としては思い切った塗色ではあったものの、関係者にアンケートを取るとややどぎついと不評であった。1961（昭和36）年４月に登場した159系では黄１号の黄色みを抑えた黄５号とし、以降、修学旅行色というとこの色と朱色３号との組み合わせが定着した。

1980（昭和55）年7月　福塩線 福山駅

合理化で失われた塗色の多様性

国鉄は1978（昭和53）年10月２日のダイヤ改正と同時に「車両塗色及び標記基準規程」を改め、省力化を図るため塗色を整理した。修学旅行色も廃止され、湘南色、急行形気動車色、首都圏色に統一された。これ以降、伝統的なカラーの多くが失われていく。1981（昭和56）年には写真の福塩線70系スカ色も消滅。貨車の青22号や、特急以外のグリーン車窓下の淡緑６号の帯も消えた。

167系　国鉄分割民営化の荒波を乗り越えた唯一の修学旅行用車両

1965（昭和40）年10月に新たな修学旅行用電車の167系が登場する。167系は155・159系の出力を増強し、抑速ブレーキや耐寒耐雪構造を備えた車両だ。塗色は窓回りが黄５号、窓上・窓下が赤11号で、前面窓下の塗り分けは、前部標識灯と後部標識灯との間で貫通扉に向けてやや曲線を描きながら斜めに下りている。窓上部分は155・159系とは異なり、高運転台となって窓上辺の高さも上に移動した結果、急行形交直流電車と同様に側面前部の客用扉の上で塗り分け位置を動かした。1978（昭和53）年10月２日に修学旅行色が廃止されると、湘南色に変えられている。他の車両が国鉄の分割民営化前に全車廃車となったのに対し、167系は2003（平成15）年まで活躍した。

1979(昭和54)年10月　中央本線 定光寺駅

155系　前面斜めの塗り分けが修学旅行色一番の特徴

155系は153系(p10)の湘南色を修学旅行色に変えただけと思われがちだが、先頭車の前面を中心に塗り分け方は異なる。前面はクハ153形の黄かん色一色に対し、クハ155形では窓上が側面と同様に朱色に、窓下は貫通扉に向けて黄色と朱色とが斜めに塗り分けられた。後年、塗色が湘南色に変更された際、クハ155形の前面はクハ153形と同じとなったが、クハ159形は斜めの塗り分けが引き継がれている。

1977(昭和52)年7月　筑豊本線直方〜勝野間

キハ58・28形800番台　急行形気動車色を基本としたキハ58系独自の修学旅行色

修学旅行用車両は気動車にも波及し、キハ58系の修学旅行用、キハ58・28形800番台が登場した。配色は朱色3号、黄5号で、修学旅行シーズン以外は急行列車に用いる関係で窓回りが朱色、窓上、窓下が黄色とキハ58系に合わせられた。最初に製造された12両(キハ58形8両、キハ28形4両)は直方機関区に配置され、1962(昭和37)年4月9日から修学旅行列車「とびうめ」として京都・大阪〜博多間を結んだ。

1968（昭和43）年7月　山陽本線 河内～本郷間

急行形交直流電車色

窓上、窓下に配されたローズピンクは交直流電車の証

■赤13号
マンセル値：3.5R 3.8/6
RGB：R136 G74 B77／CMYK：C53 M79 Y65 K12

■クリーム色４号
マンセル値：9YR 7.3/4
RGB：R208 G176 B137／CMYK：C23 M34 Y48 K0

国鉄は東北本線や常磐線、北陸本線に電車による急行列車の運転をもくろみ、1962（昭和37）年７月に急行形交直流電車の451系、471系を製造した。両車とも153系に準じた車体に交流区間で走行可能な機器を搭載した車両で、50Hz区間用が451系、60Hz区間用が471系である。

塗色は窓回りがクリーム色４号で、特急色や急行形気動車色、一般形気動車色のクリーム色と同じだ。そして特筆されるのは窓上、窓下の赤13号である。ローズピンクとも称されるこの色は、すでに登場していた交直流電気機関車や近郊形交直流電車と同じく、交直流電気車であることを示す印だ。

451・471系はその後、主電動機出力向上型の453・473系、そして抑速ブレーキ付きの455・475系、さらには50Hz、60Hz両用の457系へと進化を遂げる。出力向上などで塗り分けが変化した急行形直流電車と異なり、こちらは一貫して塗り分けは変わっていない。

1979（昭和54）年５月　東北本線 金谷川〜南福島間

■455系
高運転台のため客用扉まわりの塗り分けが複雑化

急行形交直流電車は153系に準じた車体だが、塗り分けは大きく異なる。先頭車では窓上・窓下のローズピンクがそのまま前面に配されて、交直流電車であるとの主張を忘れない。前面は高運転台なので、窓上の赤13号は側面からそのまま引けず、客用扉上でＺ字状に上げてから前面へと回されている。これは後に167系でも踏襲された。

475系　車体裾部の白帯は60Hz区間用を示す印

西日本地区の交流２万V、60Hz区間向けで、出力120kWのMT54形直流直巻主電動機を装備し、抑速ブレーキを使用可能とした急行形交直流電車が475系である。クモハ475形とモハ474形とのユニットから成り、53組、106両製造されたこの475系は北陸本線、山陽・九州線で急行列車として活躍した。北陸本線では471・473系と混用されたいっぽう、山陽・九州線では475系だけで使用されたのは、20‰を越える勾配区間が多かったからだ。1970年代の半ばごろまで、車体側面の裾部には60Hz用を示す白帯が入れられ、455系との区別が付けられるようになっていた。50・60Hz共用のサロ455形、サハシ455形も、475系と連結される車両にはこの白帯が引かれていた点も興味深い。

1979(昭和54) 年5月　東北本線 北白川～大川原間

近郊形交直流電車色

交直流電車の歴史はローズピンクの近郊形から始まる

■赤 13 号
マンセル値：3.5R 3.8/6
RGB：R136 G74 B77／CMYK：C53 M79 Y65 K12

■クリーム色４号
マンセル値：9YR 7.3/4
RGB：R208 G176 B137／CMYK：C23 M34 Y48 K0

交直流電気車だけが、通過することを許された場所――。それは交流、直流双方の「き電区間」の境界に設けられた交直セクション、一般に言うデッドセクションだ。国鉄は1961（昭和36）年６月１日に常磐線取手～藤城間と鹿児島本線門司駅構内にデッドセクションを設置した際、通過可能な電気車の色を赤13号と定めた。赤13号の正式な色名は小豆色だが、国鉄内では一般にローズピンクと呼ばれる。ローズピンクは当時ぶどう色が主体であった直流電気機関車、それからえんじ色の交流電気機関車と容易に識別でき、なおかつ明視性の高い色として選ばれた。

営業列車としてデッドセクションを最初に通過した交直流電気車は401系・421系近郊形交直流電車である。両系列は赤電と呼ばれて常磐線や鹿児島本線、日豊本線の近代化に貢献した。だが、全面ローズピンクといういでたちが野暮ったいと、国鉄の分割民営化を間近に控えた1980年代半ば以降、姿を消した。

1982（昭和57）年10月　北陸本線 大聖寺～加賀温泉間

60Hz専用車から消えた裾部の白帯

471・473・475系は、登場当初側面裾部に60Hz専用を示す白帯（P81）があり、50Hz用の451・455系などと区別していた。しかし、これらの車両は走行エリアが限定的であったことや、1968（昭和43）年登場の485系をはじめ、50・60Hz両対応の車両が増えたことから、塗装工程省力化のため1970年代後半までに写真の475系のように消えた。

417系　ほとんど交流電化区間ばかりを走った交直流電車

1970年代後半の国鉄は、地方中核都市近郊の普通列車の近代化に取り組み、キハ40系、50系客車に続いて417系が製造される。近郊形電車と言いながら、車体の形状はキハ47形に似た両開き２扉のセミクロスシート車だ。交直流電車であるから、塗色は前面窓下のクリーム色を除いて車体全面がローズピンクに塗られている。とはいえ、仙台地区に15両が投入された417系は新製時に山陽本線から東北本線へと回送されたとき以外は直流電化区間を走る機会はなく、交流電車でも差し支えなかった。当時の国鉄の財政事情は厳しく、位相制御の交流電車を製造する余裕はなく、また417系は湖西線や北陸本線への投入の計画もあったからローズピンクの交直流電車にも意味はあったのだ。

1978（昭和53）年11月　常磐線 藤代～佐貫（現・龍ケ崎市）間

403系　ぶどう色一色のなかにあって登場時の塗色はまぶしい

常磐線取手～勝田間の交流電化が1961（昭和36）年6月1日に完成すると同時に投入された近郊形交直流電車が401系で、写真の403系は主電動機の出力が120kWへと向上されたバージョンだ。デビュー当時の常磐線の電車はぶどう色ばかりで、ローズピンクの401系は目がさめるような存在であった。当初は前面窓上に50Hz用を示す白帯が入れられていたが、識別の必要性が薄く、すぐに消された。

1978(昭和53)年6月　鹿児島本線 赤間〜海老津間

421系　九州から本州へと直通可能な近郊形電車

交流2万V・60Hzと直流に対応した近郊形交直流電車だ。デビュー当初は車体側面の裾部分に白帯が入れられ、60Hz用であると示していた。すぐに消された401系の白帯と異なり、421系の白帯は昭和40年代に入っても見ることができた点が特徴だ。国鉄末期にローズピンク部分を交流電車と同じ赤2号に塗った車両が存在した。交流電機と塗料をそろえて合理化したとも言われるが、詳細は不明だ。

1986（昭和61）年9月　勝田電車区

443系　令和の時代にも見られるただ一つの交直流電車色

直流・交流電化区間を走行しながら架線や信号保安設備の検測を行える電気検測車で、1975（昭和50）年に登場した。2両編成を組み、クモヤ443形は架線を、クモヤ442形は信号保安装置の検測を実施する。塗色はローズピンクが主体で、側面裾部と前面の前部標識灯回りがクリーム色となっている。JR西日本に承継された443系は2020年現在も健在で、ローズピンクの交直流電車として貴重な存在だ。

1986（昭和61）年12月　金沢運転所

495系 欧風調の前面デザインがローズピンクによく似合う

架線検測用として1966（昭和41）年に登場した電気検測車、495系は当時としては意欲的な交直流電車だった。50Hz、60Hz双方の交流電化区間で走行可能という仕様は485系や583系に先んじること２年。最高速度時速160kmを目指したために新設計のDT37X形台車を装着し、冷房装置も搭載している。前面のデザインはフランスの電気機関車に似た欧風で、ローズピンクにクリーム色の塗り分けが似合う。

1985（昭和60）年6月　室蘭本線 礼文～静狩間

ディーゼル機関車色

DD51形２号機から採用された塗色で動力近代化を推進

■朱色４号
マンセル値：9R 4.3/11.5
RGB：R179 G69 B44／CMYK：C37 M86 Y93 K2

■ねずみ色１号
マンセル値：N5
RGB：R120 G120 B120／CMYK：C51 M39 Y38 K21

国鉄が設置した動力近代化委員会（会長は大山松次郎東京大学教授）は1959（昭和34）年6月、向こう15年以内の蒸気機関車全廃を答申した。動力近代化の主役は電化、ディーゼル化だ。だが、大型蒸気機関車を置き換える性能をもつディーゼル機関車の開発は遅れていた。苦心の末、1962（昭和37）年3月にDD51形液体式ディーゼル機関車の1号機がついに完成する。大型蒸気機関車のD51形、C62形に匹敵する性能をもつDD51形は関係者の期待を大いに集める存在であった。しかし、塗色自体は従来のディーゼル機関車と同じくぶどう色ベースと古臭く、また蒸気機関車に比べて高速走行が可能になったにもかかわらず遠方からの明視性に乏しい。

国鉄は1963（昭和38）年4月に製造した2号機から車体上部をねずみ色1号、下部を朱色4号とし、両者の境界に白帯を配したデザインに変更する。従来機の色も順次変更され、動力近代化は急ピッチで進められた。

1977（昭和52）年５月　城端線 高岡～二塚間

■DE10形
動力近代化のもうひとつの立役者

亜幹線や入換用として開発されたDE10形は、最初からディーゼル機関車をまとって1966（昭和41）年10月に登場した。前面の形式、製造番号の切り抜き文字部分も最初から白帯となっている。側面端部にあるラジエーターは当初は白帯が塗られていたが、金網ではすぐに消えてしまうのか、他機ともどもやがて何も塗られなくなった。

DD51形　前面白帯に形式名は、製造番号を見やすくするための配慮

ディーゼル機関車色第一号の２号機は、白帯が側面、前面とも一直線に同じ高さに塗られ、1965（昭和40）年12月に製造された53号機まで、同様のいでたちで登場する。1966（昭和41）年３月に製造された重連運転対応の500番台からは、前面に２灯ある前部標識灯間の白帯が一段分上にずらされ、形式名と製造番号とを記す切り抜き文字にかかるようになった。おかげでp88の写真を見ても、1053号機が充当されていることが一目でわかる。1970年代後半になって九州地区ではこの部分の白帯が消された。形式名、製造番号を見やすくする工夫だともうわさされたが、実際には見づらい。やはり不評であったらしく、いつの間にか元に戻されている。

1981(昭和56)年2月　高山本線 下麻生～上麻生間

DE15形 ラッセルヘッドもやはりディーゼル機関車色

DE10形の前部に雪かき用の前頭部を取り付け、冬季にラッセル式雪かき車に変身する除雪用機関車がDE15形である。雪をかき分ける方向が左側の複線形、両側の単線形のどちらもあり、DE15形の一部分であるから塗色も同じとされた。ただし、前頭部の前面は朱色一色で、側面裾部の白帯は床面高さが異なりずれている。前頭部の除雪操作台は写真のように円形の旋回窓が2つ付いている側に設けられた。

1980（昭和55）年4月　予讃本線 讃岐塩屋～多度津間

DF50形　ディーゼル機関車色も箱形機ではやや間延び気味か

ディーゼル機関車色は凸型機のDD51形のためにデザインされたらしく、少数派の箱形機となるとやや間延びした印象が強まる。その代表的な例が1956（昭和31）年に登場した電気式ディーゼル機関車のDF50形であろう。前面、側面とも凸型機とは反対に朱色が上、ねずみ色が下となっていて、ねずみ色の面積がやや広い。なお、もう一つの箱形機、DD54形に至ってはすべて朱色に塗られていた。

1978(昭和53)年4月　山手線 新橋駅

うぐいす色　首都圏の国電に初めて「ラインカラー」の概念をもたらす

■黄緑6号
マンセル値：7.5GY 6.5/7.8
RGB：R142 G184 B113 ／ CMYK：C51 M8 Y73 K2

山手線のラインカラーとしてお馴染みのきみどり色だ。1963（昭和38）年3月27日に池袋電車区に初めて配属された103系電車の塗色として登場。中央線101系のオレンジバーミリオン（p22）、山手線101系のカナリアイエロー（p71）に続く国電カラーで、都会を走るに相応しい、若々しさにあふれた色として選ばれた。103系の投入によって、カナリアイエローの101系は順次中央・総武緩行線に転出することになり、これ以降、路線ごとにカラーを固定するラインカラーという概念が生まれた。山手線がうぐいす色の103系に統一されたのは1969（昭和44）年のことだ。

1970年代以降、横浜線や川越線、関西本線などに導入された新性能電車のほか、仙石線や可部線、呉線などで運行されていた旧型国電にも広く採用されていた。車両以外では、国鉄コンテナもうぐいす色だ。山手線では、最新のE235系に至るまで、一貫してうぐいす色をラインカラーとしている。

1979（昭和54）年4月　赤羽線 板橋〜十条間

■103系
混色が当たり前だった時代

国鉄時代は、他路線に転出しても、次回検査時まで塗り替えない事例が多かった。赤羽線（現在の埼京線池袋〜赤羽間）のラインカラーはカナリアイエローだったが、山手線から103系の転用が始まるとしばらくうぐいす色との混色編成が見られた。写真は先頭車のみATC準備車が連結された編成で、冷房は使用不可だった。

103系 山手線　日本の高度経済成長を支えた都市輸送の主役

昭和の国電を象徴した、うぐいす色の103系山手線電車。1日中、日差しにさらされながら都心を走り続けた電車だが、うぐいす色はある程度褪色しても美しさを保つ、毎日酷使される山手線に適した優れたカラーだった。写真のクハ103形は、1974（昭和49）年から製造が開始されたグループで、運転席からの視認性と衝突事故時の安全性を向上させるため高運転台を採用したタイプだ。前面窓下にステンレス鋼のラインが入っているのは、前面窓が高くなり間延びしたデザインのバランスを取るために追加された塗飾だ。また、ATC化に備えて運転室後ろに機器を搭載したため、運転室直後の戸袋窓が廃止されている。山手線のATC化は1981（昭和56）年12月に実現した。

1979(昭和54)年5月　仙石線 東塩釜駅

クモハ73形　戦時設計のモハ63形を改良しうぐいす色で化粧

戦後復興期、輸送需要の拡大に合わせて量産されていた戦時設計のモハ63形電車が、桜木町事故のような深刻な事故を多発させたことから、主に防火面の体質改善工事を受けて72系に編入された車両だ。当初はモハ73形を名乗った。改造直後は朱色２号＋クリーム２号という一般形気動車色に近い塗装だったが、1968(昭和43)年からうぐいす色に変更、後に警戒色として前面に黄５号の帯が加わった。

1981（昭和56）年3月　可部線 上八木～中島間

クハ79形300番台　101系につながる洗練されたデザインの72系新製車

モハ63形からの改造編入で始まった72系電車のうち、当時最新型だった80系電車のコンセプトも取り入れて再設計・新製されたグループ。前面窓の形状など、製造時期によってさまざまなデザインが試みられた。

写真は1954（昭和29）年度から製造されたグループで、前面窓を後退させるなど後の101系新性能電車につながるデザインとなった。先頭部は警戒色として朱色1号が塗られていた。

1980(昭和55)年6月　仙石線 仙台～榴ケ岡間

クハ79形600番台 103系の車体を載せた異色車で後に改造を受け103系に編入

1974(昭和49)年に、仙石線向けに改造された72系のアコモデーション改良車で、72系の台枠と走行機器を流用し、103系高運転台車とほぼ同じ車体を新製して載せた。登場当初は山手線とほとんど見分けが付かなかったが、まもなく周囲からの視認性向上ため黄5号の警戒帯が入った。1984(昭和59)年から、103系の台車と電装品を組み込んで新性能化。103系3000番台となり、川越線・八高線に投入された。

1984(昭和59)年　関西本線 湊町駅

103系　関西では関西本線のラインカラーに

関西地区にうぐいす色が出現するのは1973(昭和48)年10月改正からで、大阪環状線から転出した101系が投入された。当時うぐいす色は都会的で若々しい色として人気があったが、沿線に緑が多い地方路線では、特に霧が出た時に視認しづらいとされ、前面に黄５号などの警戒色を入れる例が多かった。写真の103系は1983(昭和58)年に投入され、2020(令和２)年の時点でも４両編成２本が残る。

1986(昭和61)年8月　浜松工場

新幹線ディーゼル機関車色

営業用車両よりも暗めの青15号を採用した事業用車

■青15号
マンセル値：2.5PB 2.5/4.8
RGB：R36 G64 B93／CMYK：C92 M79 Y51 K16

■黄5号
マンセル値：2.5Y 7.5/8.8
RGB：R225 G181 B74／CMYK：C17 M33 Y77 K0

青15号をベースに、前面等に警戒色の黄色が加わった塗装である。新幹線のディーゼル機関車は2形式が在籍していたが、いずれも車両故障時の救援や工事用車両の牽引などに使用される事業用車両で、営業列車として使われたことはない。日中に本線を走行することはほとんどなく、通常は車両基地や保守用基地で待機しており、200km/h以上の高速で走行する車窓から車両基地通過時に一瞬、見ることができれば幸せだった。

新幹線ディーゼル機関車色の基本色だった青15号は、ほかに試験車やスカ色、20系寝台客車、581・583系寝台電車、近代化改造後の旧型客車色など、幅広い車両に使われており、特急コンテナ車や冷蔵車など貨車にも使用されている。

2形式とも新幹線の開業前から平成まで在籍したが、いずれも廃車となり、現在は新幹線用のディーゼル機関車は存在しない。

1986（昭和61）年8月　仙台新幹線第一運転所

■912形
DD13形から改造された機関車

1963（昭和38）年に登場した新幹線事業用機関車で、砂利を運ぶ保守用車、ホッパ車などを牽引したほか、新幹線車両が1両ずつ工場に入場する際の入換え用に使われた。911形が車両工場にて新製されたのに対し、912形は在来線で入換作業等に従事していたDD13形からの改造車で、重連総括制御対応の60番台4両を含む20両が在籍し、東北新幹線でも使用された。

911形　故障した新幹線0系を救済する頼もしい電車

新幹線には珍しい箱型スタイルの車両で、160km/h運転が可能なパワーを備える。新幹線0系が走行中にアクシデント等に見舞われ動なくなった際に、その牽引も想定されたディーゼル機関車である。通常は、東海道新幹線のレールを交換する際に終電〜始発までの深夜から早朝に、200mの長さがあるロングレールを運ぶ時などに活躍した。そのため連結器は、新幹線車両とも保守用車とも連結できるように、双頭連結器を備えている。運転台は新幹線0系を思わせる機器配列にて、軸配置はB-2-B。新造車ながら設計はDD51形をベースとしており、DD51形と同形式のエンジンを搭載、3両製造された。なお、登場時は0系と同じ青色20号を使用していた。写真は911-3。

1972（昭和47）年2月　東海道新幹線 三島留置線

新幹線0系色

新幹線を象徴するアイボリーホワイトとブライトブルー

■クリーム色10号
マンセル値：1.5Y 9/1.3
RGB：R252 G242 B224 ／CMYK：C2 M6 Y14 K0

■青20号
マンセル値：4.5PB 2.5/7.8
RGB：R12 G63 B113／CMYK：C98 M84 Y40 K4

新幹線0系は、アイボリーホワイトと称されるクリーム色10号の塗装をベースに、窓周りはブライトブルーの青20号。青20号は、後に14系や24系などの寝台客車に採用された色と同色で、それまで多用された青15号よりも明るい。鉄道車両の基本色に、白に近い色を採用した例はそれまでほとんどなく、新しい時代の高速鉄道を印象づける彩色だった。この塗分けは、まもなく新幹線を象徴するデザインとして国民に定着。後継の新幹線100系にて基本色がクリームから白に変わったものの、JR発足後にJR東海（一部JR西日本と共同開発）が開発・製造した300系、700系、N700系、N700A、さらには2020（令和2）年7月に営業運転デビューした新幹線N700Sと、後継車両にも連綿と受け継がれた。東海道新幹線のカラーとして、開業から60年近い歳月が経過した現在も、見飽きることのないカラーとして走り続けている。

1962（昭和37）年11月 鴨宮モデル線

0系のルーツとなった1000形

1962（昭和37）年6月、現在は東海道新幹線新横浜～小田原間の一部となっている神奈川県綾瀬市付近～小田原市鴨宮付近に、全長約32kmの「モデル線区」が完成、試験車両1000形を使用しての走行試験が開始された。試験車両は2両編成のA編成と、4両編成のB編成が製造され、編成や車両ごとにカラーデザインあるいは窓の形などが異なった。このうち、B編成が後の0系と同じ塗装を採用しており、新幹線0系色の元祖と言える。

0系 航空機のデザインを参考に、新幹線のスピード感を表現

1964（昭和39）年3月から1986（昭和61）年4月まで、実に22年にわたり3216両が製造された初代新幹線車両だ。開業当初は12両編成だったが、輸送人員の増加に伴い、1970（昭和45）年の大阪万博輸送を契機に16両編成に増強。山陽新幹線の開業を翌年に控えた1974（昭和49）年には「ひかり」用編成に食堂車も加わった。

アイボリーホワイトにブルーのラインという、新幹線独特のカラーは、当時就航していた英国海外航空（BOAC）やパンアメリカン航空などのジェット機を参考に、スピード感を表現するデザインとして採用された。写真のH22編成は、1964（昭和39）年の開業時に導入された30編成のうちの1本であるS4編成を16両化した「ひかり」用編成だ。

1984（昭和59）年8月　東海道新幹線 東京駅

0系こだま編成　東海道新幹線最大の座席数を誇ったこだま編成

国鉄時代には、東海道・山陽新幹線は同じ0系16両編成でも食堂車を連結した「ひかり」編成と、食堂車のない「こだま」編成に分かれていた。「こだま」編成は座席定員1407名と、歴代の東海道新幹線でも最多を誇ったが、「ひかり」から乗り継ぐなど短距離利用の乗客が多く、1984（昭和59）年から12両に短縮された。写真のK24編成も、この写真が撮影された半年後に12両化されS77編成となった。

■赤２号
マンセル値：4.5R 3.1/8.5
RGB：R132 G46 B54
CMYK：C50 M92 Y77 K20

■黄５号
マンセル値：2.5Y 7.5/8.8
RGB：R225 G181 B74
CMYK：C17 M33 Y77 K0

70系
投入直後の災害で強い印象を残す

新潟地区の70系は、投入直後の1963(昭和38)年冬季に豪雪に見舞われる。雪に埋まる車両が続出するなか、70系は近郊輸送にフル回転した。また、1964(昭和39)年6月16日に発生した新潟地震では新潟駅東側の仮駅に最初に到着した救援列車となる。多くの人々に勇気を与えた旧新潟色は1978(昭和53)年8月に70系が置き換えられ姿を消した。

1977(昭和52)年4月　信越本線 米山～柿崎間

旧新潟色　吹雪の中でも明視性を高めるために採用

1962(昭和37)の信越本線長岡～新潟間の電化に伴い、新潟地区の普通列車用として関西地区からぶどう色の70系が転属する。ぶどう色は雪の中では目立たないと、窓回りを中央総武緩行線用や修学旅行用の黄５号、窓上・窓下を特急色の赤２号とに塗り分けた独自の塗色が採用された。旧新潟色は後に国鉄車両がカラフルとなる基礎を築いたが、仮にスカ色の70系が投入されていたとしたら果たしてこの色は誕生したであろうか。

1986(昭和61)年12月　東京第一運転所

新幹線事業用車色

幅広い層に親しまれるドクターイエローカラー

■黄５号
マンセル値：2.5Y 7.5/8.8
RGB：R225 G181 B74／CMYK：C17 M33 Y77 K0

■青15号
マンセル値：2.5PB 2.5/4.8
RGB：R36 G64 B93／CMYK：C92 M79 Y51 K16

1986（昭和61）年８月　仙台新幹線第一運転所

新幹線事業用車は、ベースカラーを新幹線０系のアイボリーから、新幹線事業用ディーゼル機関車の前面部にも使われた警戒色の黄５号としたことが特徴である。1970年代から「ドクターイエロー」の愛称で親しまれるようになった。東海道・山陽新幹線では、1000形試験車両のB編成を改造した新幹線922形電気試験車、０系をベースに軌道試験車を組込んで７両編成とした電気・軌道試験車922形10・20番台、新幹線700系をベースとした電気軌道総合試験車である923形まで基本は同じ塗装だ。また、東北・上越新幹線の開業時には、200系をベースとし、窓帯をグリーンとした925形が登場しているが、こちらは2001（平成13）年に、E3系をベースとしたE926形East-iに交代した。

新幹線には、このほか事業用車両として保守用の資材を運搬する貨車も在籍していた。JR承継後は、これらの車両はすべて「機械扱い」となっている。

962形試作電車から改造された

東北・上越新幹線の電気・軌道試験車で、ベースカラーは922形と同じ黄５号だが、帯色には東北・上越新幹線カラーであったモスグリーンの緑14号（p138の新幹線200系色を参照）を採用した。962形新幹線試作電車を1983（昭和58）年に改造したS2編成で、この他1978（昭和53）年に新造された０番台S1編成がある。

922系　ドクターイエローと呼ばれて親しまれた最初の車両

東海道・山陽新幹線の電気試験車。最初の試験車は新幹線1000形B編成からの改造車であったが、10番台は０系０番台をベースとして1974（昭和49）年10月に、20番台は1000番台をベースとして1979（昭和54）年11月に加わった増備車である。０番台の５両編成に対し、10・20番台は７両編成。写真は10番台T２編成で、１号車：通信・信号・電気測定車、２号車：データ処理車、３号車：観測ドーム付き電源車、４号車：倉庫・休憩室車、５号車：軌道検測車、６号車：観測ドーム付き救援車、７号車：架線摩耗測定車という構成。５号車の軌道検測車は、車体長が17.5mと短い921形が組み込まれた。各車両が検査・測定しながら東京～博多間を往復した。

1980（昭和55）年９月　札幌運転区

近代化改造旧型客車色

近代化を図り、ブルートレイン20系と同じカラーに

■青15号
マンセル値：2.5PB 2.5/4.8
RGB：R36 G64 B93／CMYK：C92 M79 Y51 K16

近代化改造旧型客車色は、車体カラーを茶色のぶどう色２号から青15号に変更した旧型客車である。近代化改造は、戦後生まれの鋼製客車、軽量客車を対象に、従来木製であった窓枠のアルミサッシ化、内張りの取替え、白熱灯だった室内灯の蛍光灯化、さらに扇風機取付、ドアの取替えなどを実施した。

なお旧型客車とは、固定編成を基本とし電源車からサービス電源を供給した20系寝台客車よりも以前に製造され、どの車両とも連結が可能な汎用旅客車両の総称として、鉄道ファンが区分した種別である。

青15号はインクブルーとも称され、20系客車やEF60形などのベースカラーとも共通の色であるが、ぶどう色の時代から酷使されてきた旧型客車は陳腐化がめだち、より暗い色に見えたものである。2021（令和３）年1月現在、国内で動態保存されている旧型客車はすべてぶどう色となっており、近代化改造旧型客車色の現役車両は存在しない。

1980（昭和55）年２月　宗谷本線 稚内駅

■スユニ50形
旧型客車の台枠に50系の車体

郵便室「ユ」と荷物室「ニ」の合造車である。全室荷物車のマニ50形は新造車だったが、スユニ50形は寝台車スハネ16形などの台枠、台車を利用して1977（昭和52）年に登場した改造車だ。車体構造はレッドトレインと呼ばれた50系客車（p134）と同じだが、青15号にて登場、荷物輸送が終了した1986（昭和61）年11月改正まで活躍した。

スロ54形　リクライニングシートを採用した特急用二等車

スハ43系に属する特別二等車（後の一等車～グリーン車）である。スハ43系は、1951（昭和26）年から1957（昭和32）年までに生まれた客車の総称で、戦前から戦後にかけて製造されたオハ35系の後継車両にあたる。窓枠のアルミサッシ化、室内灯の蛍光灯化の近代化改造を受けて、車体色を茶色（ぶどう色２号）から青色（青15号）に変更した。

スロ54形はリクライニングシートを採用したグリーン車だ。当初は特急列車に充当、20系客車や151系、キハ81系などが登場・増発すると急行用に転身、冷房も設置された。写真の500番台は、1968（昭和43）年から翌年にかけて、北海道向けの寒冷地仕様車として改造された車両で、客室窓の二重化などが施されている。

1978(昭和53)年1月　信越本線 横川～熊ノ平信号場間

新性能直流電気機関車色

視認性向上のため、寝台特急列車色を参考に採用

■青15号
マンセル値：2.5PB 2.5/4.8
RGB：R36 G64 B93／CMYK：C92 M79 Y51 K16

■クリーム色１号
マンセル値：1.5Y 7.8/3.3
RGB：R214 G193 B153／CMYK：C21 M26 Y43 K0

旧形の直流電気機関車の最高速度は旅客機でも時速95kmであり、しかも実際のこのスピードで走る機会は少なく、遠方からの視認性はあまり問題とはならなかった。戦後、最高速度時速100kmのEF58形が登場し、実際にこの数値に近い速度で走るようになると視認性の向上が求められる。そこで、国鉄は前面窓下にステンレス製の飾り帯を取り付けてみやすくしようと努めたが、やはり不十分であった。

一方、高速で運転される寝台特急列車牽引用として1963(昭和38)年12月からEF60形500番台が寝台特急列車牽引機色(p68)として登場すると、ぶどう色の視認性は明らかに劣ることが判明する。結局国鉄は1965(昭和40)年になってEF58形、それからED60形以降に登場した新性能直流電気機関車を同じ配色で塗り替えた。塗り分けは寝台特急色と若干異なり、前面窓下に警戒色のクリーム色、その他は青だ。

1977(昭和52)年10月　阪和線 杉本町～浅香間

■ED61形
新塗色の契機となった元祖

直流電機の「新性能」とは、軸重移動を抑えた台車や多段制御のバーニア制御付きを指す。元祖は1958(昭和33)年に登場のED60形、ED60形に電力回生ブレーキを追加したED61形だ。1974(昭和49)年以降電力回生ブレーキを撤去し、１軸台車を増設したED62形となり、写真の18号機もED62 17となって2002(平成14)年まで活躍した。

EF63形　碓氷峠の番人はぶどう色一色で登場し、後に塗り替えられた

碓氷峠のある信越本線横川～軽井沢間11.2km専用の補助機関車として1963(昭和38)年に登場した。この区間では軽井沢駅に向けて66.7‰の急勾配区間が続き、全列車に対し、麓側の横川方に重連のEF63形が連結された。デビュー当初のEF63形はぶどう色一色で、1966(昭和41)年７月製造の16号機から青15号、クリーム色１号の新性能直流電気機関車色として登場した。EF63形は横川～軽井沢間の上り勾配で時速30km余り、下り勾配は時速40km以内で運転されていたので、視認性はあまり問題にならなかったが、当然のことながら１～15号機も変更となる。北陸新幹線開業による廃止が間近い1997(平成9)年になり、４両がぶどう色に塗り替えられ、引退に華を添えた。

1978(昭和53)年4月　東北本線 古河～野木間

EF58形 旧性能ながら卓越した高速性能で新性能扱いに

1947(昭和22)年から1958(昭和33)年までに1～175号機(32～34号機は欠番)の172両が製造されたEF58形は、新性能直流電機ではない。だが、定格速度が時速86kmと超高速仕様であったため、お召し列車専用機の61号機、そしてお召し予備機の60号機を除く170両は新性能直流電気機関車色に塗り替えられた。写真の59号機はぶどう色一色で落成した後、青大将色(p21)に塗られた経歴ももつ。

東海道本線 根府川〜真鶴間

EF60形 F形初の新性能直流電気機関車

東海道・山陽本線などの平坦な幹線で貨物列車を牽引する目的で1960（昭和35）年に登場した直流電気機関車だ。ED60形・ED61形で採用された新しい技術が導入されている。1964（昭和39）年までに1〜129号機、そして500番台501〜514号機の143両が製造され、500番台を除く129両はぶどう色を採用。改良版のEF65形が登場するころ、500番台を含めて新性能直流電気機関車色に塗り替えられている。

1978（昭和53）年　京浜東北線 有楽町〜新橋間

スカイブルー　東名阪を中心に幅広く採用された国電カラー

■青22号
マンセル値：3.2B 5/8
RGB：R0 G138 B162／CMYK：C81　M36　Y34　K 0

1965(昭和40)年11月、京浜東北線に103系が投入されたのを機に採用されたカラーで、「スカイブルー」の愛称で親しまれている。関西地区では、1968(昭和43)年10月改正で阪和線に投入された103系に採用され、関西地区初の新性能・国電カラーとなった。1977(昭和52)年には、京浜東北線へのATC対応車投入に伴い捻出された103系初期車が、スカイブルーのまま中央西線名古屋～中津川間に投入され、名古屋地区唯一の国電カラーとして活躍した。この他、京葉線や仙石線など、幅広い路線で使用されている。

旧型国電への採用例は、大糸線や富山港線の72系電車などがある。一方、元祖新性能電車の101系への採用例はほとんどなく、中央線から転出して一時期京浜東北線に投入された5編成の例があるだけだ。

2020(令和2)年末の時点では、青22号一色の国電カラーは、山陽本線和田岬支線に103系6両編成が1本残るのみである。

1979(昭和54)年10月　阪和線 六十谷～紀伊中ノ島間

■103系 阪和線
大阪郊外を結ぶ国電に広く採用

スカイブルーの阪和線103系電車は、1968(昭和43)年に登場した京阪神地区初の国電カラーだ。翌1969(昭和44)9月には、東海道・山陽本線緩行線にも103系がスカイブルーで登場し、「市内を走る国電(大阪環状線)はオレンジ、近隣都市を結ぶ国電はスカイブルー」となった。阪和線は、103系投入開始後も旧型電車が増備されるなど新性能化の歩みは遅かったが、1977(昭和52)3月に完了した。

103系 京浜東北線　昭和40年代に集中投入されて都心の新性能化をほぼ完成させた

京浜東北線の新性能化は1965(昭和40)年11月から始まり、1967(昭和42)年4月までにスカイブルーの103系659両が集中的に投入されて、浦和・蒲田・下十条の各電車区に配置された。1970(昭和45)年には中央線から転出した101系10連5本が投入。翌1971(昭和46)年に、常磐線と山手線から40両が転入して、京浜東北線の新性能化は完了した。京浜東北線が乗り入れる根岸線は1973(昭和48)年に大船まで全通したほか、スカイブルーの103系が東海道本線の臨時列車として小田原まで乗り入れたこともある。

写真は編成両端のクハのみ冷房を搭載した京浜東北線の高運転台・ATC準備車だ。この冷房は当時まだ使用できなかった。

1984(昭和59)年8月　総武本線 西船橋駅

東西線色　中央・総武緩行線の黄帯を巻いて登場

営団地下鉄(現・東京メトロ)東西線との相互直通運転に対応した301系のカラー。アルミ地にクリアラッカーを塗布し、客用窓上下に中央・総武緩行線のラインカラーであるカナリアイエローの帯を配していたが、後に前面にも警戒色として黄帯が追加された。1978(昭和53)年からは、アルミ地を灰色8号による塗装に変更。JR化後には、205系と間違えやすいとして、帯色が東西線のラインカラーである青22号に変更された。

■灰色8号
マンセル値：N7
RGB：R170 G170 B170
CMYK：C36 M26 Y26 K5

■黄5号
マンセル値：2.5Y 7.5/8.8
RGB：R225 G181 B74
CMYK：C17 M33 Y77 K0

301系
アルミ車体を初採用した初代地下鉄直通対応車両

1966(昭和41)年に始まった中央緩行線と営団地下鉄東西線との相互直通運転に対応するべく登場した車両だ。国鉄車両として初めてアルミニウム合金製車体を採用し、滑るような乗り心地のダイレクトマウント式空気ばねを搭載するなど高機能を誇ったが、製造コストが高かったことから、1969(昭和44)年に製造が打ち切られた。

■青緑１号
マンセル値：2BG 5/8
RGB：R0 G141 B121
CMYK：C82 M31 Y60 K0

1978（昭和53）年11月　常磐線 我孫子〜取手間

エメラルドグリーン

最後に登場した国電カラー モチーフは宝石

1967（昭和42）年12月、常磐線に103系が投入された。すでに朱・黄・緑・青と代表的な色は他の路線に使用されており、国鉄はラインカラーの選定に悩んだと言われるが、新たに青緑１号を制定した。当時、好景気に沸く日本では宝石ブームが到来しており、新色はエメラルドグリーンと名づけられた。この色は、JR化後に加古川線がラインカラーに採用するまで、一部の例外を除き常磐線でしか使われなかった。

103系 常磐線

慢性的な混雑改善のため短期間で導入が進む

常磐線の103系は、1968（昭和43）年３月までに10両編成11本が出揃った。1970（昭和45）年には、残っていた旧型国電も呉線と長野原線（現・吾妻線）に転出、オール103系化が完了した。1971（昭和46）年からは営団地下鉄千代田線との相互直通運転が始まり、新たに運行を開始した常磐緩行線もこの色をラインカラーとしている。

1978(昭和53)年2月　函館本線 深川〜納内間

近郊形交流電車旧塗色

国鉄電車中最少の交流電車に採用された交流電気車の色

■赤2号
マンセル値：4.5R 3.1/8.5
RGB：R132 G46 B54 ／ CMYK：C50 M92 Y77 K20

■クリーム色4号
マンセル値：9YR 7.3/4
RGB：R208 G176 B137／CMYK：C23 M34 Y48 K0

フランスで成功した商用周波数による交流電化に刺激を受け、国鉄は1955(昭和30)年に仙山線北仙台〜作並間を交流で電化し、試作した交流電気機関車を投入する。国鉄は全く新しい交流電気車の色として赤を選択し、既存の直流電気機関車や直流電車といった直流電気車と一目で識別できるようにした。

本格的な交流電気機関車は1957(昭和32)年に登場した北陸本線用のED70形を皮切りに、昭和40年代を迎えるころにはさまざまな形式が現れる。しかし、交流電車は1959(昭和34)年にクモヤ790形やクモヤ791形が試作されただけで、なかなか登場しなかった。交流電化区間が短く、交直流電車で交流電化区間に乗り入れればよいと考えられたからだ。

北海道という直流電化区間から孤立した地域が電化された1968(昭和43)年に交流電車の711系が初めて登場する。しかし、赤2号が塗られた営業用交流電車は結局これだけで後が続かなかった。

1986(昭和61)年10月　青森運転所

■クモヤ740形
72系から誕生した異色の交流電車

車両基地内での電車の牽引、本線上で先頭車が連結されていない電車の先頭に立って運転するために開発された交流牽引車がクモヤ740形だ。モハ72形を種車に改造され、赤色に塗り替えられている。出力が抑えられたため、車両基地内では自走できるが、本線上では制御車としての機能しか果たせず、少々使いづらい車両であった。

711系　交流電気車色の赤は雪に強い電車の色の代表に

1968(昭和43)年8月28日に交流2万V・50Hzで電化された函館本線小樽〜滝川間で使用されるために誕生した。交流電車の投入理由は電化区間が本州から孤立しているほか、厳冬の北海道で安定して運転するためでもあった。直流電車や交直流電車で当時一般的であった抵抗制御では機械的な接点が多いために雪や寒さに弱く、ほぼ無接点の位相制御を採用した交流電車が適しているからだ。711系は国鉄の期待にこたえ、猛吹雪のなかでも安定して走行し、普通列車だけでなく、急行列車にも使用された。また、札幌〜旭川間の特急「いしかり」に投入された485系特急形交直流電車が冬季に故障が多発した際、救済用の列車としても活躍し、寒さに強い電車としての名声を高めた。

1977（昭和52）年10月　東北本線 古河～野木間

寝台電車色　ブルートレインと新幹線のイメージを併せ持つ

■クリーム色１号
マンセル値：1.5Y 7.8/3.3
RGB：R214 G193 B153／CMYK：C21 M26 Y43 K0

■青15号
マンセル値：2.5PB 2.5/4.8
RGB：R36 G64 B93／CMYK：C92 M79 Y51 K16

世界初の本格的な寝台電車、581系・583系の塗色として1967(昭和42)年10月改正で登場したカラーだ。ブルートレイン20系寝台車のイメージを残し、かつ東海道新幹線に接続する特急列車という性格から、色は20系と同じ青15号とクリーム色１号を採用し、塗り分けについては新幹線０系電車と同じく地色をクリーム、窓部を青とした。窓部の帯色は、寝台電車としての性格を表現するため、新幹線や181系特急形電車などよりも太くなっている。

前面部は、警戒色でもあるクリームを基調とし、前照灯まわりは181系などの特急色(p28)を踏襲。運転席周囲は反射防止の観点から、帯色と同じ青に塗装された。

581系は、初の非ボンネット・貫通型特急形電車でもある。地色と帯色の塗り分けについてはその後登場した485系や183系にも引き継がれ、正面から見たときの形状からやがて「電気釜」のあだ名も誕生した。

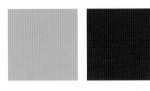

1979(昭和54)年7月　山陽本線 下関～門司間

■583系「金星」予想外に早かった引退時期

日本の高度経済成長時代を支えた581・583系だったが、1980年代に入ると国鉄離れなどから輸送量が減少し、寝台・座席兼用車両の需要は急速に薄れていった。特に山陽新幹線全通による九州方面の需要減は大きく、1982(昭和57)年11月改正で大部分の581・583系が運用を離脱。写真の「金星」(名古屋～博多)も運行を終了した。

583系　昼は座席特急、夜は寝台特急として活躍した国鉄らしい特急形電車

1960年代、高度経済成長に伴う輸送量の増大に、車両基地の収容能力が追いつかなかったことから、昼夜を問わず走り続けて車両の運用効率を上げる目的で登場した、寝台・座席両用の交直流特急形電車だ。1967(昭和42)年、直流・交流60Hz用の581系が「月光」(夜行／新大阪～博多間)、「みどり」(昼行／新大阪～大分間)が運行を開始。まもなく交流50Hzにも対応した583系が登場し、写真の「はつかり」(昼行／上野～青森)をはじめ東北方面の特急列車に投入された。寝台・座席兼用という機能性の高さはもちろん、秀逸なデザインも評価され、JR西日本の681系や、「トワイライトエクスプレス瑞風」などにデザインコンセプトが引き継がれている。

1980（昭和55）年3月　鹿児島本線 荒木〜西牟田間

■青20号
マンセル値：4.5PB 2.5/7.8
RGB：R12 G63 B113
CMYK：C98 M84 Y40 K4

■クリーム色10号
マンセル値：1.5Y 9/1.3
RGB：R252 G242 B224
CMYK：C2 M6 Y14 K0

急行形客車色　万博を機に解禁された新幹線カラー

大阪万博開催による輸送需要の増大に対応するため、臨時列車を中心とした波動輸送用の客車として開発された12系客車の塗色だ。車体色の青20号は東海道新幹線0系（p100）の帯色と同じで、新幹線開業時は当分他の車両には使わないと国鉄部内で申し合わされていたが、万博を機に使用が解禁された。帯色も20系のクリーム色1号よりも白に近いクリーム色10号となり、この配色は14系・24系にも引き継がれていく。

12系
分散電源方式を初採用 波動輸送に活躍した

大阪万博開催を前にした1969（昭和44）年、20系寝台客車以来11年ぶりに登場した座席客車だ。全車両に電気暖房装置とユニットクーラーを装備し、緩急車のスハフ12形に装備されたディーゼル発電機から電源供給を受けた。これにより、電源供給装置を持たない貨物用機関車でも牽引できるようになり、臨機応変な輸送需要に対応できた。

1970年代の国鉄色

1970（昭和45）〜1979（昭和54）年

初期新快速色など、地域独自のカラーが出現する一方、
国鉄の財政悪化により新しい塗装が生まれにくくなっていく。
同時に塗装の省力化・標準化が進められた。

1977（昭和52）年6月　東海道本線 大阪駅

初期新快速色

「阪和色」としても親しまれた通称「ブルーライナー」

■灰色9号
マンセル値：N8
RGB：R205 G205 B205 ／CMYK：C23 M15 Y15 K1

■青22号帯用特色
マンセル値：（不明）
RGB：R0 G144 B156 ／CMYK：C88 M26 Y42 K0

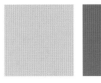

1978(昭和53)年4月　伊東線 伊豆多賀駅

1972(昭和47)年3月15日のダイヤ改正で登場した、東海道・山陽本線及び阪和線の新快速用カラーだ。阪和線では2011(平成23)年まで使用されたことから、「阪和色」の方が馴染み深いかもしれない。

新快速は、京阪・阪急・阪神といった大手私鉄と直接競合する、特別料金不要の都市間輸送列車として1970(昭和45)年10月1日から京都〜西明石間で運行を開始した。当初は首都圏から転入した113系が充当されていたが、急行用である153系電車投入と、阪和線での運行開始に合わせて専用カラーが採用された。当時、東海道・山陽本線緩行線と阪和線にはスカイブルーこと青22号(p112)の103系電車が運行されていたこともあり、地色に灰色9号、帯に青22号を採用。「ブルーライナー」の愛称で親しまれた。ただし、この帯色は本来の青22号とは明らかに異なる緑の強い色で、「青22号帯用特色」と通称されている。本書も独自の数値を記載した。

デビュー当時はスカ色だった新快速

1970(昭和45)年に誕生した東海道・山陽本線の新快速。最初に投入された113系は、湘南色(p10)ばかりだった関西では珍しいスカ色(p16)が採用された。他の電車との区別を容易にするためと、イメージチェンジのためと説明されたが、実際には、万博輸送用に横須賀線から転入した113系0番台を流用したものだ。写真は伊東線での113系0番台。

153系 新快速　抜群のスピードとサービスで私鉄と互角以上に戦った

宮原電車区（現・網干総合車両所宮原支所）配置の直流急行形電車153系は、「鷲羽」「比叡」といった山陽方面等の急行列車を中心に充当されていたが、急行列車の減少によって余剰が生じていた。そこで余剰となった車両で6両編成×20本を組成し、灰色地に青帯の専用塗装として、1972（昭和47）年3月15日から東海道・山陽本線の新快速に投入。同時に新快速の運行区間を草津〜姫路間に拡大し、京都〜西明石間では15分間隔の運転を実現したほか、日中の京都〜大阪間は29分で結ばれた。抜群のスピードと冷房完備の急行用車両を乗車券だけで利用できるとあって、「ブルーライナー」の愛称で親しまれた新快速は、京阪神間で大手私鉄と互角以上の戦いを見せた。

1987（昭和62）年５月　阪和線 山中渓～紀伊間

113系　40年近く親しまれた「阪和色」の113系

東海道・山陽本線新快速への153系投入と同時に、阪和線でも新快速の運転が始まり、113系６両編成３本が鳳電車区に配置された。この18両は、1970（昭和45）年に113系として初めて冷房を搭載した試作冷房車が含まれていた。阪和線の新快速は1978（昭和53）年に種別廃止となったが、この配色はその後も阪和線及び紀勢本線で2011（平成23）年まで使用され、「阪和色」と呼ばれて親しまれた。

■灰色８号
マンセル値：N７
RGB：R170 G170 B170
CMYK：C36 M26 Y26 K５

■青緑１号
マンセル値：2BG 5/8
RGB：R0 G141 B121
CMYK：C82 M31 Y60 K0

1984（昭和59）年5月　常磐線 金町駅

千代田線色　普通鋼製ながら301系とイメージを統一

1971（昭和46）年４月から始まった、常磐線と営団地下鉄（現・東京メトロ）千代田線との相互直通運転に合わせてデビューした、103系1000番台に採用されたカラーだ。先に東西線直通運転用に投入されたアルミ合金製の301系とイメージを近づけるため、普通鋼製ながらアルミの銀色に近い灰色８号を地色とし、常磐線のラインカラーであるエメラルドグリーン（青緑１号）を帯色とした。

103系1000番台
排熱に問題を抱えた低コスト地下鉄直通車両

東西線に投入された301系が高コストであり、一方で新型のチョッパ制御は開発が遅れていたため、既存の103系を地下鉄乗り入れに対応させた車両。ATC対応や非常用貫通路など地下鉄の保安基準に対応させたが、旧来の抵抗制御であるため電気消費と排熱が大きく、トンネル内に熱風をもたらす欠点があった。東西線用1200番台もほぼ同一仕様。

1981(昭和 56)年３月　山陽本線 厚狭～埴生間

ニューブルートレイン色

12系を踏襲し明るいブルーを採用

■青20号
マンセル値：4.5PB 2.5/7.8
RGB：R12 G63 B113／CMYK：C98 M84 Y40 K4

■クリーム色10号
マンセル記号：1.5Y 9/1.3
RGB：R252 G242 B224／CMYK：C2 M6 Y14 K0
※24系25形・14系15形の帯はステンレス無塗装

1971(昭和46)年にデビューした14系特急形寝台客車と、その後継である24系客車に採用された塗色だ。地色は、初代特急形寝台客車である20系よりも明るい、東海道新幹線0系の帯色と同じ青20号とした。これは、14系が1969(昭和44)年に登場した12系客車をベースに開発されており、12系の塗色を引き続き採用したものだ。帯色については、「国鉄車両関係色見本帳」には20系と同様クリーム色1号が指定されているが、実際に塗装された帯色は12系と同じクリーム色10号、通称アイボリーホワイトである。これは、特急形寝台客車の帯色はクリーム色1号と決められていたものの、警戒色と飾り帯については形式ごとに柔軟に決めることができたからだ。

「ニューブルートレイン」と呼ばれ、1970年代のブルートレインブームを牽引したカラーだったが、1980(昭和55)年に製造されたオハネ25・オハネフ25を最後に製造は打ち切られた。

1979(昭和54)年6月　東海道本線 根府川～真鶴間

二段寝台化に伴いステンレス帯に

14系及び24系客車は、登場当初はクリーム10号の飾り帯を巻いていたが、24系25形からは、ステンレス製無塗装の帯に変更された。これは、最新の二段式B寝台であることを示すためと、修繕時の塗装工程の簡素化を図るためだ。ただし、写真のオシ24のように当初から白帯の車両もあり、1本の列車に白帯と銀帯が混在することも多かった。

24系25形　A寝台並みとして好評だった国鉄初の二段式B寝台

1974(昭和49)年から投入された、国鉄初の二段式B寝台を備えた特急形寝台客車だ。当時、鉄道ファンや子供たちを中心に寝台特急の人気は高かったが、空路の整備や山陽新幹線の延伸によって、利用者の減少が予想されていた。そこで、定員をへらすかわりに「狭い」と言われた居住性を改善することでサービスレベルの向上を図ったのが本形式である。当初はB寝台車だけが製造されて、関西発着の寝台特急に投入された。1976(昭和51)年10月改正からは東京発着の「富士」「はやぶさ」「出雲」にも採用され、同時にA寝台個室(オロネ25)が登場した。まもなく到来したブルートレインブームを牽引した、1970年代の国鉄を代表する車両である。

1985(昭和60)年　東海道本線 東京駅

オハ24形700番台　国鉄末期の豪華路線によって誕生したくつろぎの空間

国鉄末期の1985(昭和60)年から翌年にかけて、オシ14形やオハネ14形から５両が改造された、国鉄初のロビーカー。利用者の減少傾向が続いていた寝台特急のサービス向上を図るため、利用者が自由にくつろげるスペースとして登場し、「はやぶさ」「富士」に2005(平成17)年まで連結された。飾り帯は銀だが、ステンレスではなく塗装である。写真のオハ24形701は、オシ14形９から改造された。

■灰色９号
マンセル値：N８
RGB：R205 G205 B205
CMYK：C23 M15 Y15 K1

■朱色３号
マンセル値：8.5R 5/15
RGB：R218 G72 B40
CMYK：C18 M85 Y88 K0

113系 快速
「大和路快速」の源流にあたる俊足ランナー

湊町（現・JRなんば）～奈良間の電化完成に伴い、うぐいす色の101系と共に関西本線快速に投入された113系０番台で、現在の大和路快速のルーツにあたる電車だ。大阪環状線へ乗り入れての大阪直通は当初週末だけだったが、1974（昭和49）年から毎日運転となった。翼形のヘッドマークは前期と後期で形状が異なり、写真は後期タイプ。

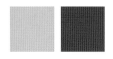

1984（昭和59）年９月　大阪環状線 寺田町駅

関西線快速色　天王寺局たっての希望で登場した朱色の快速

東海道・山陽本線と阪和線の初期新快速色（p122）に続き、関西の快速オリジナルカラー第二段として1973（昭和48）年10月改正で登場したカラーだ。灰色９号をベースに、窓下と雨樋下に帯を入れ、前面帯は幅広としてサイドにかけてZ状の意匠を設けるデザインは、初期新快速色と同じ。帯色には春日神社の朱をモチーフに朱色３号を採用した。このデザインに国鉄本社は消極的だったが、天王寺鉄道管理局が熱心に働きかけ実現したという。大阪～奈良間の快速に投入され、ヘッドマークを付けて颯爽と走った。

1979（昭和54）年３月　川越線 笠幡～武蔵高萩間

首都圏色　赤字国鉄を象徴するとも言われた合理化カラー

■朱色５号
マンセル値：8.3R 5/11.1
RGB：R200 G88 B65／CMYK：C27 M78 Y76 K0

1975（昭和50）年に、キハ10系に初めて施された塗色で、「柿色」とも呼ばれる朱色５号は国鉄色としてこれが初採用だった。地方路線の塗装工程簡略化を目的とした塗装で、神奈川県の相模線をはじめ、首都圏近郊の非電化路線で多用されたことから、「首都圏色」の愛称がついた。従来親しまれていた一般型気動車色を廃した消極的な塗装だったうえ、汚れや褪色が目立ちやすかったことから当初の評判は芳しくなく、鉄道ファンによる「タラコ」という愛称も揶揄する意味合いが強かった。キハ20系やキハ40系などを中心に広く使用されたが、国鉄末期になると路線ごとに独自のカラーを制定するケースが増え、急速に数を減らした。

現在は、JR西日本が一般形気動車の標準色として再び使用しているほか、登場から40年以上を経た結果、「懐かしの国鉄色」として人気が高まり、リバイバルカラーとして塗装されるケースが増えている。

2012（平成24）年7月　山口線 篠目駅

「懐かしの国鉄色」として今は人気

首都圏色は、塗装工程の簡略化という背景から、登場当時は特に鉄道ファンからの評判が良くなかった。もっとも、キハ40系の廃車が進み希少性が出た今では、逆に「懐かしの国鉄色」として人気が高まっている。JR西日本は、2009年からコスト削減のため鋼製車両の単一塗装化を進めているが、これもいずれは「懐かしの単一塗装」と懐かしむ声が増えるかもしれない。

キハ35系　大都市近郊でお馴染みだった外付け扉の気動車

非電化だった関西本線湊町（現・JRなんば）～奈良間の輸送近代化のため、1961（昭和36）年から製造された片側３扉・オールロングシートの一般形気動車。1964（昭和39）年には房総地区をはじめとする首都圏に進出し、川越線、八高線、相模線、足尾線（現・わたらせ渓谷鐵道）などで活躍した。車体強度を確保するために、両開き扉が車体の外側に設置されている構造が特徴的だ。1977（昭和52）年に登場したキハ40系とともに、首都圏色の中心的車両となった。キハ35系には主に３形式が存在した。写真は先頭が両運転台のキハ30形、次位が片運転台・トイレ無しのキハ36形、そして片運転台・トイレありのキハ35形だ。この他ステンレス製のキハ35形900番台などもあった。

1980(昭和 55)年5月　宗谷本線 南稚内駅

キハ22形　急行としても活用された北海道の主役

「首都圏色」は通称であり、1978(昭和53)年からは、一般形気動車の標準色として全国に広まった。特に北海道では、キハ40形100番台やキハ 22 形といった首都圏色の気動車が、数多くのローカル線で活躍した。写真のキハ22形はキハ20形の耐寒仕様車で、客室保温のため乗降デッキを設け、暖房も強化された。車端部がロングシートであることを除けば急行並みの設備で、急行列車にも使用された。

1979(昭和54)年10月　伯備線 倉敷～清音間

キハ47形 非力ながら居住性の向上を果たした地方都市の足

1977(昭和52)年に登場したキハ40系のうち、デッキなし・両開き扉・片運転台の暖地向け近郊形車両だ。電車に準じた客室設備を備え、キハ20系などを置き換えたが、車体が大型化し耐久性も強化した結果重量が増し、定格出力が220PSしかないDMF15HSAエンジンの出力不足に悩んだ。写真の先頭車は、トイレ設備のない1000番台。他形式の気動車と併結している。

1987(昭和62)年5月　予讃線 国分～讃岐府中間

50系色　客車は青いという常識を打ち破った「レッドトレイン」

■赤２号
マンセル値：4.5R 3.1/8.5
RGB：R132 G46 B54／CMYK：C50 M92 Y77 K20

国鉄最後の一般形客車として登場した50系客車の塗色だ。国鉄の客車は1958(昭和33)年に登場した20系(p49)以来青15号を中心とした青系の塗色を採用し、旧型客車も近代化改造(p106)によって青15号に塗装されていた。1977(昭和52)年に落成した50系客車は、1959(昭和34)年製造のナハ11形以来、18年ぶりに製造される一般型客車だった。そこで思い切ったイメージチェンジを図るべく、赤系統、それも特急色の帯色や交流電気機関車色と同じ、えんじ色またはワインレッドと呼ばれた赤２号を採用。50系はファンから「レッドトレイン」と呼ばれて親しまれた。ただし、同じ50系でも荷物車のマニ50形、郵便・荷物車のスユニ50形(p107)は近代化改造旧型客車と同じ青22号に塗装されている。地域輸送の電車化・気動車化が進む中での過渡期に登場した形式で、トロッコ列車や観光列車、あるいは気動車に改造された車両も多く、赤２号のまま現役の車両は残っていない。

1989(平成元)年６月　函館本線 江別〜豊幌間

■50系51形　小さな二重窓が目印の寒冷地仕様

北海道向けの車両は51形を名乗り、車内保温のため一段上昇式の二重窓や、車内照明用の車軸発電機を凍結に強いギア・シャフト駆動とするなど耐寒構造が取り入れられた。特に窓は、暖地用の50形と比べて一回り小さく、一目で酷寒地使用の51形であるとわかった。1994(平成6)年に引退、一部の車両は気動車に改造された。

50系　あまりにも短命に終わった国鉄最後の一般形客車

1970年代、電車や気動車が普及し、客車列車は減少の一途をたどっていた。残る客車列車は1950年代以前に製造された旧型客車ばかりで、これらの置換えによる輸送サービスの向上と、貨物輸送の減少によって余剰が生じていた機関車の有効活用を目的に開発された車両が50系だ。客室はデッキを備えたセミクロスシートで、客用扉は幅1000mmの自動扉とするなど、通勤通学輸送に適した設備を備えた。しかし、1980年代に入り短編成・高頻度運転のフリークエント・サービスが普及すると、製造から10年足らずにも関わらず活躍の場を失ってしまう。2001(平成13)年10月の筑豊本線電化によって最後の50系普通列車が廃止され、改造車などを除き引退した。

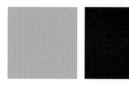

1985(昭和60)5月　山陽本線 須磨〜塩屋間

■クリーム色1号
マンセル値：1.5Y 7.8/3.3
RGB：R214 G193 B153
CMYK：C21 M26 Y43 K0

■ぶどう色2号
マンセル値：2.5YR 2/2
RGB：R66 G48 B43
CMYK：C70 M76 Y77 K47

新快速色　関西急電の復活を思わせた気品ある配色

153系の老朽化に伴い、1979(昭和54)年から京阪神の新快速用新型車両として投入された117系の塗色だ。初期新快速色(p122)からのイメージチェンジを図り、戦前の関西急電色(p175)を彷彿させるカラーとして話題になった。関西急電色が鮮やかなクリーム色3号+ぶどう色3号だったのに対して、こちらは山城の竹林をイメージしたクリーム色1号と、京都の寺院をイメージしたぶどう色2号で、より落ち着きある構成だ。

117系
スピードと居住性でライバルを圧倒した

京阪、阪急、阪神といった大手私鉄との激しい競争が続く京阪神地区都市間輸送の、切り札として登場した車両だ。新快速専用の設計として、当時の特急用ロマンスシートにも匹敵する転換クロスシートを採用。シートモケットの手触りにまで配慮するなど、特別料金不要の車両としては最高クラスの居住性を実現、スピードと快適性で他社を圧倒した。

1980年代の国鉄色

1980（昭和55）～1987（昭和62）年

JR発足を控え、地域密着・高頻度運転など国鉄改革が進められた時代。
地域ごとに個性豊かな塗装が登場し、
「国鉄車両関係色見本帳」にない色も使われるようになった。

1987(昭和62)年11月　東北新幹線 盛岡駅

新幹線200系色

東北に春を呼ぶ新緑の芽吹きを表すグリーンの帯

■クリーム色10号
マンセル値：1.5Y 9/1.3
RGB：R252 G242 B224 ／CMYK：C2 M6 Y14 K0

■緑14号
マンセル値：10GY 3.53/6.7
RGB：R43 G95 B50／CMYK：C84 M52 Y98 K18

2019(令和元)年5月　東京駅

1982(昭和57)年6月23日の、東北新幹線大宮～盛岡間暫定開業とともに営業デビューを果たしたカラーである。アイボリーホワイトと呼ばれるクリーム色のベースカラーは東海道新幹線と同様だが、帯色にはグリーンが採用された。これは、旧伊達藩の居城である仙台城が青葉城と呼ばれたことや、雪国が春の訪れとともに芽生える緑を待望したことに由来する。このグリーンは緑14号で、クリーム色10号との組み合わせは、185系直流特急形電車(p140)と同じである。

1982年11月15日に上越新幹線大宮～新潟間が開業し、1983(昭和58)年11月には240km/h運転に対応した200系F編成が、1987(昭和62)年3月には東海道新幹線100系のデザインに準じた2000番台が登場したが、配色はオリジナルのまま守られた。JR発足後の1999(平成11)年からリニューアルが行われ塗装が変更されたが、2007(平成19)年にK47編成が塗装を復刻。2014(平成26)年まで活躍した。

JR東日本の新幹線統一色「飛雲ホワイト」

新幹線の「白」は国鉄時代に何度かリニューアルを重ねているが、JR東日本は1997(平成9)年に登場したE2系から「飛雲ホワイト」と呼ばれる特色を東北・上越新幹線の標準色として使用している。完全な白よりもほんの少しグレーがかった色で、E2系のほか200系やE1系のリニューアル塗装、E4系・E5／H5系・E6系、さらには試験車両にもベース色として使われている。

200系　耐寒耐雪構造を徹底した北国の新幹線

東北・上越新幹線の初代車両。ブルーの帯がグリーンに変わった以外、車体デザインや客室設備は東海道新幹線0系をベースにしている。ただしリクライニングシートを採用したため、3列シートを回転できず、普通車のABC席は座席中央部を境に、車端側に向かって背中合わせに固定された。この構造は、後に0系2000番台にも採用されている。一見0系によく似ているが、軽量化のためアルミニウム合金を採用。豪雪地帯を走行するため、最前部のスカートに大型のスノープラウを装備し、床下機器を覆うボディマウント構造を採用したほか、主電動機などを冷却する風と雪とを分離する雪切室が設けられた。業務用室などが設けられた東京寄り先頭車221形は、45～50席となった。

1981(昭和56)年11月　東海道本線 根府川～真鶴間

185系色 急行形から特急形に変更されカラーで新しさを表現

■クリーム色10号
マンセル値：1.5Y 9/1.3
RGB：R252 G242 B224 ／CMYK：C2 M6 Y14 K0

■緑14号
マンセル値：10GY 3.53/6.7
RGB：R43 G95 B50 ／CMYK：C84 M52 Y98 K18

国鉄最後の特急形電車となった、185系のカラーだ。185系は、膨大な観光輸送需要を抱える伊東線の急行「伊豆」用新型車両として計画されたが、設計の途中で特急格上げ構想が浮上した。しかし、すでに急行用として基本設計が固まっていたことからデザイン面で新しさを打ち出すことになり、それまでの国鉄特急色をやめて、クリーム色10号アイボリーホワイトをベースに、緑14号の斜めストライプを配するというそれまでにないデザインが考案された。

クリーム色10号は、さんさんと輝く伊豆の明るい太陽光をイメージし、緑14号は伊豆の木々の緑を象徴している。緑帯は、新鮮味を出すために従来の横方向の塗り分けから脱却し、スピード感を持たせる意味もあって車体に向かって右下がり60度の3本の斜めストライプとなった。幅も左から1600㎜、800㎜、400㎜と3本が徐々に細くなるデザインで軽快さを表している。

1988（昭和63）年6月　東北本線 片岡〜蒲須坂間

■185系200番台 オーソドックスな横ストライプ

1982（昭和57）年6月の東北新幹線大宮〜盛岡間暫定開業に合わせ、上野〜大宮間を結ぶ「新幹線リレー号」用の車両に使用された車両で、スノープラウや耐雪ブレーキなど寒冷地仕様を備える。使用色は0番台と同じながら、東北新幹線200系とイメージを合わせるため、オーソドックスな横帯のデザインとなった。

185系0番台 批判を受けながらも持ち前の質実剛健さで長年にわたり活躍

1970年代、伊豆は多くの観光客でにぎわい、週末には膨大な観光輸送需要が生じていた。一方、東海道本線は車両基地収容能力に余裕がなく、急行用の153系が普通列車としてもフル回転で活用されていた。185系は、その153系を置き換えるべく1981（昭和56）年3月に投入された車両で、走行機器などの基本仕様は117系（p136）と共通だった。当初は急行形として設計され、普通列車への間合い運用も考慮されていたことから、「窓が開く」、「リクライニングシートではない」など、特急形車両に相応しくない仕様であると一部から批判された。JR化後には通勤向けの着席ライナーとしても活用され、国鉄型車両らしい耐久性の高さもあって、2021（令和3）年まで第一線で活躍した。

1981(昭和56)年3月　福塩線 道上〜湯田村間

福塩線色　30年以上親しまれた福塩線電化区間のカラー

山吹色をベースに紺の帯という、1981(昭和56)年2月に投入された105系のカラーだ。福塩線では1977(昭和52)年から105系投入まで、阪和線にて活躍していたスカ色の70系が走っていたが、それ以前は戦前型旧型国電が充当されていた。この旧型国電は、105系の帯色と同じブライトブルー、青20号一色であった。従って105系の投入は、旧福塩線カラーへの「原点回帰」とも言えた。

■黄5号
マンセル値：2.5Y 7.5/8.8
RGB：R225 G181 B74
CMYK：C17 M33 Y77 K0

■青20号
マンセル値：4.5PB 2.5/7.8
RGB：R12 G63 B113
CMYK：C98 M84 Y40 K4

105系

福山〜府中間の福塩線 新性能化とともにデビュー

1981(昭和56)年に、宇部線・小野田線とともに福塩線の電化区間(福山〜府中間)に投入された通勤型電車だ。基本的な構造は103系と同じだが、貫通扉を備え、当時流行していたブラックフェイスを採用した。配置区が岡山電車区となってからは山陽本線岡山〜福山間でも運転されたが、2017(平成29)年までに瀬戸内地区地域統一色へ変更された。

■赤２号
マンセル値：4.5R 3.1/8.5
RGB：R132 G46 B54
CMYK：C50 M92 Y77 K20

■クリーム色10号
マンセル値：1.5Y 9/1.3
RGB：R252 G242 B224
CMYK：C2 M6 Y14 K0

115系
静岡県・山梨県を走る身延線新性能化で登場

山陽本線広島地区の旧型国電80系置換え用として1978(昭和53)年にデビューしたグループで、温暖な地域を走行するため、耐寒耐雪構造・機器は簡略化されている。身延線には1981(昭和56)年に47両が投入されたが、広島地区用が４両編成がベースであったのに対し、身延線用は３両編成がベースとなり、制御電動車のクモハ115形が加わっている。

1986(昭和61)年8月　富士電車区

身延線色　直流用ながら赤２号を採用した「ワインカラー」

赤２号をベースにアイボリーホワイトの帯は、旧北陸色(p158)と同じ。ベースカラーを赤２号とした電車は交流用のイメージが強いが、こちらは直流用電車だ。身延線が走る山梨県の特産品であるぶどうにちなみ、「ワインカラー」とも称された。このカラーが115系2000番台とともに投入されたのは1981(昭和56)年からで、これにより身延線の新性能化は完了。JR東海承継後、JR東海カラーに変更された。

1986（昭和61）年10月　宇部電車区

■クリーム色1号
マンセル値：1.5Y 7.8/3.3
RGB：R214 G193 B153
CMYK：C21　M26　Y43　K0

■青20号
マンセル値：4.5PB 2.5/7.8
RGB：R12 G63 B113
CMYK：C98　M84　Y40　K4

瀬戸内色　瀬戸内海の青い海を帯色で表現したカラー

1982（昭和57）年に広島地区の快速用としてデビューした115系3000番台のカラーとして登場したカラー。アイボリーホワイトをベースに、瀬戸内海の海にちなんだブライトブルーの青帯とし、その後ほかの115系も同色に変更されている。2010（平成22）年、JR西日本がこの瀬戸内地域色として黄色一色のDIC F-92（マンセル値9.7YR 6.3/9.9）を指定、瀬戸内色は2015（平成27）年までに消滅した。

115系
「シティ電車」として親しまれたデザイン

1982（昭和57）年11月、山陽本線広島地区の快速用であった153系に代わる車両としてデビューした。車体は関西地区の117系と同様の片側2扉、座席は転換式シートがベースにて4両編成にて運転を開始した。この改正では、広島～大野浦・岩国間で、首都圏などのように普通電車をおおむね15分間隔にて運転する「シティ電車」が誕生した。

■青22号
マンセル値：3.2B 5/8
RGB：R0 G138 B162
CMYK：C81 M36 Y34 K0

■灰色９号
マンセル値：N8
RGB：R205 G205 B205
CMYK：C23 M15 Y15 K1

119系
飯田線の近代化を果たした高性能電車

クモハ119＋クハ118の２両編成を基本とする、片側３扉、セミクロスシートの車両。飯田線にはJR最急勾配である40‰のほか25‰の区間が連続するため、勾配抑速ブレーキを装備している。一方で、台車や電動空気圧縮機などには101系からの廃車発生品も使用している。現在は一部の車両が改造されて、福井県のえちぜん鉄道で活躍している。

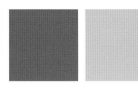

1986（昭和61）年９月　伊那松島機関区

飯田線色　天竜川の流れをイメージした鮮やかなブルー

車窓から楽しめる天竜川の流れをイメージして、スカイブルーの青22号をベースに、パールホワイトの灰色９号の帯としたカラー。飯田線は、流電など戦前型旧型国電が活躍していた時代はスカ色、旧型国電80系となってからは湘南色が使用され、鉄道ファンの注目を集めていた線区のひとつだ。飯田線色は、1982（昭和57）年12月、80系の置換え用として登場した119系に採用され、JR東海色に変更された1990年代初頭まで続いた。

1986（昭和61）年１月　瀬野機関区

■赤11号
マンセル値：7.5R 4.3/13.5
RGB：R191 G55 B45
CMYK：C31 M91 Y90 K1

■黄色５号
マンセル値：2.5Y 7.5/8.8
RGB：R225 G181 B74
CMYK：C17 M33 Y77 K0

EF67形色 広島県を象徴するモミジを表す赤11号

広島県を象徴する木で、日本三景のひとつである宮島に代表されるモミジの紅葉をイメージした赤をベースに、前面に警戒色である黄色の帯を巻いたカラーである。ベースカラーの赤11号は、急行形気動車色（p72）の帯色や、キハ37形色（p152）と同じだ。EF67形機関車は、山陽本線瀬野～八本松間上り線の補機専用として登場した機関車で、1200ｔ貨物列車を後ろから押して、連続22.8‰の勾配に挑んだ。

EF67形
山陽本線「瀬野八」にて活躍した補機専用機

1982（昭和57）年３月から1986（昭和61）年12月にかけて、EF60形電気機関車を種車に改造した機関車で、山陽本線瀬野～八本松間の急勾配に対応した補機専用機関車だ。それまでのEF59形が重連運転だったのに対し単機にて挑むため、勾配区間での粘着性に優れたチョッパ制御を機関車で初めて採用したことが特徴。主電動機もパワーアップしている。

細かな塗り分け方の違いにも意味があった

国鉄色の塗り分けは形式ごとに指示されていた。実車からは担当部門の考えや苦労が垣間見えて興味深い。

同じ特急色でも、直流電車の181系と交直流電車の485・489系とでは塗り分け方が若干異なる。例えばボンネット形の先頭車の側面で、前面の標識灯ケースから3本のクリーム色4号の筋入りで伸びてきた赤2号の帯が、乗務員室扉の手前で窓回りへと反転していく部分。クハ181形(p28)では赤2号がクリーム色4号の筋1本分連続しているのに対し、クハ481・489形(p35)ではほぼ点でしか接していない。これは床面の高さが前者は1110mm、後者は1230mmと、クハ481・489形のほうが120mmも高く、ここで両者の床面高さの差を調節しているのだ。

ボンネット形のクハ481形にはスカート部分にも特徴がある。60Hz用の481系の一員として登場した1～18のうち、15までは赤2号一色で登場し、後にクリーム色4号の帯(写真)、そして前面標識灯上に赤2号の「ヒゲ」が入れられた。灰色のスカートのクハ151・181形と区別するためだ。50Hz用の483系として登場した19～29は、クリーム色4号一色とした。50・60Hz共用の485系が登場したとき、スカートの色がどうなるか注目されたが、結局はクリーム色一色のままで30～40が製造されている。

ボンネット形のクハ481形は1971(昭和46)年には電動発電機の能力を上げた100番台に変更された。スカートの色はクリーム色だったが、106だけは鉄道車両メーカーで間違えたらしく、赤2号にクリーム色4号の帯と赤スカート車として登場している。

1978(昭和53)年6月　日豊本線 日向新富～佐土原間

1984(昭和59)年5月　常磐線 三河島駅

常磐線色　科学万博を契機に登場した東海道新幹線0系と同じ配色

■クリーム色10号
マンセル値：1.5Y 9/1.3
RGB：R252 G242 B224 ／CMYK：C2 M6 Y14 K0

■青20号
マンセル値：4.5PB 2.5/7.8
RGB：R12 G63 B113 ／CMYK：C98 M84 Y40 K4

常磐線の交直流近郊形電車は、1962（昭和37）年以来あずき色の赤13号をベースに、小麦色のクリーム色4号の交直流近郊形旧塗色（p82）だったが、1985（昭和60）年に開催された国際科学技術博覧会（つくば万博）を機に、アイボリーホワイトのクリーム色10号をベースに、ブライトブルーの青20号の帯という、東海道新幹線0系と同じ配色に変更された。同時に、415系は3両の中間車から成る415系700番台を増備して7両編成が登場。それまでの基本4両、最長12両という編成から、最長15両編成に増強された。

常磐線カラーは、415系のほか401系、403系といった普通鋼製車も塗装変更の対象となった。その後、JR東日本に承継後も変更されることなく、2007（平成19）年3月改正で定期運行を終了するまで20年以上にわたって維持された点も特筆される。なお、国鉄分割民営化直前に登場した415系ステンレス車は、同じ青20号の帯を装備している。

1986（昭和61）年9月　勝田電車区

■401系低窓車
古きよき国鉄近郊形電車の顔

1961（昭和36）年6月、401系グループで最初に登場した401系の先頭車クハ401形は、直流急行型電車のクハ153形0番台（p10）と同スタイルだった。しかし、1962（昭和37）年にデビューしたクハ401-23からは、クハ153形500番台と同様の高運転台となり、1970年代に入ると前照灯がコンパクトで焦点調整不用のシールドビームに変更された。

415系500番台　国鉄交直両用近郊形電車の完成形ともいうべき車両

1971（昭和46）年4月に登場した、交直両用近郊形電車。交流電化区間では50hzと60hzの両方に対応しているため、幅広い路線を走行することができた。写真は、老朽化した401系初期車の置換えと、常磐線の輸送力増強を目的として1982（昭和57）年に製造された500／600番台で、401系にはじまる普通鋼製・交直両用近郊形電車の最終バージョンと言える車両だ。401系グループ初のオールロングシート車で定員が増加。首都圏でも特に混雑が激しかった常磐線の混雑緩和に貢献した。主電動機は、403系以来の120kW出力のMT54を搭載、機器類は415系100番台とほぼ同一だが、ロングシート化によって定員が増えたため、枕ばね、軸ばねなどのばね定数（弾力）を変更した。

1985（昭和60）年4月　佐世保線 武雄～永尾間

713系オリジナル色

分割民営化によって早々に消えた悲運のカラー

■クリーム色1号
マンセル値：1.5Y 7.8/3.3
RGB：R214 G193 B153／CMYK：C21 M26 Y43 K0

■緑14号
マンセル値：10GY 3.53/6.7
RGB：R43 G95 B50／CMYK：C84 M52 Y98 K18

1985（昭和60）年4月　長崎本線 多良～肥前大浦間

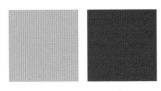

1980年代、交流電化区間が増えるに従い、九州を中心に、交流電化区間のみ走行できる交流電車にて対応できる線区が増えてきた。一方、地域輸送を担ってきた気動車や客車の老朽化が進み、よりきめ細かい輸送サービスを提供する観点から、1983（昭和58）年7月、九州地区では初となる交流専用電車713系が登場した。交流用近郊形電車は、先に登場した北海道の711系（p116）では赤2号を使用していたが、713系では薄茶黄のクリーム色1号をベースカラーに初採用。東北・上越新幹線の200系と同じモスグリーンの緑14号を帯色とし、新鮮な印象であった。1984（昭和59）年2月には、寝台電車581系から改造された715系も同じカラーで登場したが、JR九州が発足する直前から、クリーム色1号のベースカラーは変わらないものの、帯色を青23号としたJR九州色に変更されてしまう。713系オリジナル色は、わずか4年弱という短命に終わった。

■715系
「食パン電車」とも呼ばれた改造車

昼は座席特急、夜は寝台特急として昼夜走り続けた581系からの改造車だ。581系は、夜行列車の衰退と二段式寝台の普及によって余剰となり、1982（昭和57）年11月改正にて引退（583系は存続）。一方、長崎本線、佐世保線の普通列車を電車化するため、近郊形電車への改造を受け1984（昭和59）年2月改正で再登場した。

713系　国鉄の財政悪化によって試作車にて製造が打ち切られた少数勢力

九州地域の交流近郊形電車として最初にデビューした車両。クモハ713＋クハ712の2両編成で、試作編成4本8両が製造されたが、国鉄の財政悪化に伴い車両新製を抑制することになったため、量産化はされず8両で製造が打ち切られた。このため、車号は試作車用の900番台で、4編成とも主要機器のメーカーが異なった。JR九州承継後の2008（平成20）年から2010年にかけて主要機器が統一され、0番台に改番されている。交流電車では初となる交流回生ブレーキを採用、冷房装置の電源を主変圧器の三次巻線から得る方式などはJR化後の車両に引き継がれた。1996（平成8）年、宮崎空港線の開業を機に赤系のカラーに塗装され、2021（令和3）年1月現在も8両すべて健在である。

1986（昭和61）年３月　加古川気動車区

キハ37形色 褪色を防ぐために採用された「新首都圏色」だが

キハ40系の大量増備と一般形気動車の塗り替えにより、1980年代前半になると首都圏色（p130）はどこでも見られる塗色となった。ところが、比較的褪色しやすい赤系統の塗料のなかで朱色５号の色の落ち方はひときわ目立つ。国鉄は1983（昭和58）年2月に営業を開始したキハ37形を褪色防止として急行形気動車色の赤11号一色に塗装した。結果が良好であれば首都圏色もこの色となったかもしれないが、結局は普及していない。

■赤11号
マンセル値：7.5R 4.3/13.5
RGB：R191 G55 B45
CMYK：C31 M91 Y90 K1

キハ37形
直噴式機関搭載も量産の機会を逃す

地方交通線向けに省エネ、省力化、新製価格の低減を目的として５両が製造され、久留里線、加古川線に投入された。国鉄初の直噴式のディーゼル機関を搭載するといった意欲作ではあるが、既存の気動車に大量の余剰車が発生したため、量産される機会は訪れなかった。JR東日本、JR西日本に継承された後に引退したが、いまも水島臨海鉄道で健在だ。

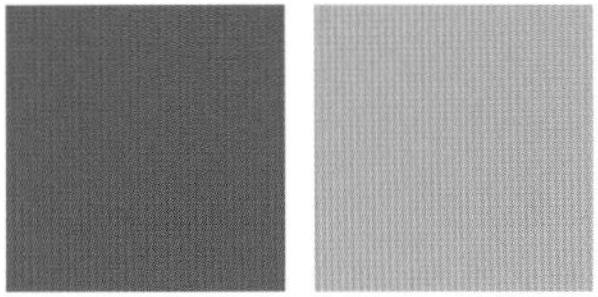

■青22号
マンセル値：3.2B 5/8
RGB：R0 G138 B162
CMYK：C81 M36 Y34 K0

■クリーム色１号
マンセル値：1.5Y 7.8/3.3
RGB：R214 G193 B153
CMYK：C21 M26 Y43 K0

103系1500番台

いまさらの103系ながら新鮮な印象の塗色

電機子チョッパ制御の201系や203系が量産中のさなか、103系1500番台の新製は意外であった。駅間距離が長く、さらには筑前前原以西では列車の運転頻度の低い筑肥線では電力回生ブレーキの効果が薄いとして、抵抗制御に発電ブレーキの103系となったのだ。しかし、車体の構造は201系に準じており、何よりも塗色のおかげで新鮮に感じられた。

1986（昭和61）年1月　唐津運転区

筑肥線色　玄界灘と南国の明るい砂浜とをイメージ

国鉄筑肥線と福岡市交通局の１号線（空港線）とが1983（昭和58）年3月22日から相互直通運転を実施することとなり、国鉄は地下鉄乗り入れ用の直流電車を新製した。新型電車には専用の塗色となる青22号にクリーム色１号の帯という組み合わせが採用された。青色は筑肥線が玄界灘に沿って走ることから、そしてクリーム色は南国の明るい砂浜を表すことから決められ、褪色の少なさや保守の容易さも加味した塗り分けとなった。

1986(昭和61)年9月　尾久駅

白樺色　和式客車初のツートンカラーでイメージアップを図る

長野鉄道管理局では和式客車を1970(昭和45)年から保有していた。客車は当初はオハ35形から、1974(昭和49)年以降はスロ62形からの改造車だったが老朽化が著しく、1983(昭和58)年に12系を種車とした新たな和式客車に置き換えられる。当初はクリーム色10号に黄緑6号の帯だったが、1986(昭和61)年頃に帯が緑14号に変更された。同年11月登場の長野色(p164)と同じ配色で、長野色の先駆けとも言える。

■クリーム色10号
マンセル値：1.5Y 9/1.3
RGB：R252 G242 B224
CMYK：C2 M6 Y14 K0

■緑14号
マンセル値：10GY 3.53/6.7
RGB：R43 G95 B50
CMYK：C84 M52 Y98 K18

12系
長野の夏と冬とを表す「白樺」のツートンカラー

長野鉄道管理局の和式客車は白樺編成と呼ばれる。窓回りの緑は長野の夏を、窓上・窓下のクリーム色は長野の冬をイメージしたという。6両編成を組み、1号車は「すいせん」、2号車は「つつじ」、3号車は「かきつばた」、4号車は「れんげ」、5号車は「くろゆり」、6号車は「りんどう」と命名され、1998(平成10)年まで走り続けた。

■青20号
マンセル値：4.5PB 2.5/7.8
RGB：R12 G63 B113
CMYK：C98 M84 Y40 K4

1986(昭和61)年3月　岡山客貨車区

12系普通客車色 国鉄末期に誕生した改造車向けの新塗色

国鉄は1980年代に入り、老朽化した旧型客車の置き換えを進め、50系化や電車化、気動車化を行うが、1983(昭和58)年の時点でもまだ旧型客車を使用した列車は残っていた。そこで、余剰が発生した12系も普通列車用に充当することとし、従来は青20号にクリーム色10号の帯を入れた塗り分けを専用の塗色に改める。とは言っても、新たな塗色は青20号一色で、しかも当初は帯の部分を青20号で塗りつぶしただけであった。

12系
白帯が消えただけで大きく印象が変わる

普通列車用の12系は1984(昭和59)年2月1日のダイヤ改正で登場した。電源方式によって2種類あり、スハフ12形搭載の電源を引き続き使用するのが1000番台、電気機関車から供給を受けるのが2000番台である。外観上の変化は車掌室の側面に乗務員扉が設けられた程度ながら、クリーム色の帯が消えてとてものっぺりとした印象の車両となった。

1986（昭和61）年8月　沼津機関区

するがシャトル色　静岡地区のフリークエントサービス向上をPR

静岡地区の東海道本線興津～島田間の普通列車は1984（昭和59）年2月1日のダイヤ改正で増発され、運転間隔は従来の30分から15分へと縮められて「するがシャトル」と名付けられる。1986（昭和61）年11月1日のダイヤ改正でさらに増発され10分間隔の運転になると車両が不足し、飯田線用の119系が転用された。119系は飯田線色（p145）からクリーム色に赤色をあしらった「するがシャトル色」へと塗り替えられた。

■クリーム色10号
マンセル値：1.5Y　9/1.3
RGB：R252　G242　B224
CMYK：C2　M6　Y14　K0

■赤1号
マンセル値：6R　3.8/13
RGB：R175　G40　B48
CMYK：C38　M97　Y88　K4

119系
高速走行はやや苦手で活躍期間は短い

クリーム地に窓下に太さの異なる2本の赤帯が基本で、赤帯は前面貫通扉で富士山を、側面ではするがシャトルの頭文字からアルファベットの「SS」を形づくる。意欲的な塗色だが、119系の定格速度は36km/hと113系の52km/hよりも遅く、東海道本線での高速走行は過酷だった。1989（平成元）年に飯田線に戻され、この色も姿を消した。

■クリーム色１号
マンセル値：1.5Y 7.8/3.3
RGB：R214 G193 B153
CMYK：C21 M26 Y43 K0

■朱色３号
マンセル値：8.5R 5/15
RGB：R218 G72 B40
CMYK：C18 M85 Y88 K0

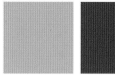

1984（昭和59）年10月　奈良線 山城多賀〜玉水間

奈良線・和歌山線色

関西線快速色に続く奈良ゆかりの朱色を採用

奈良線、関西本線木津〜奈良間、和歌山線五条〜和歌山間、紀勢本線和歌山〜和歌山市間が電化された1984（昭和59）年10月１日に登場した塗色で、クリーム色１号に朱色３号の帯を巻く。朱色３号は関西線快速色と同じで奈良の春日大社ゆかりとも言われる。ただし、帯は粘着テープなので、関西線快速色とは異なり、側扉に帯は描かれていない。

105系

多くは千代田線直通用103系1000番台の改造車

奈良線・和歌山線で２両編成を組む105系だが、国鉄の財政事情により、常磐線緩行・地下鉄千代田線直通用の103系1000番台からの改造車となった。元クハ103形1000番台の前面をもつ写真のクハ105形、そして105系オリジナルの顔のクモハ105形があるなか、窓下の帯の入れ方は同じだ。帯は粘着テープで、ここにもコストダウンの跡が見て取れる。

1987(昭和62)年　北陸本線 石動～倶利伽羅間

■赤2号
マンセル値：4.5R 3.1/8.5
RGB：R132 G46 B54
CMYK：C50 M92 Y77 K20

■クリーム色10号
マンセル値：1.5Y 9/1.3
RGB：R252 G242 B224
CMYK：C2 M6 Y14 K0

旧北陸色

北陸本線の普通列車の電車化とともに誕生

多くが客車で運転されていた北陸本線の普通列車は、1985(昭和60)年3月14日のダイヤ改正で電車となった。充当されたのは急行形の471・473・475・457系や寝台特急電車から改造の419系で、イメージアップのため、特急用車両の赤2号の地に0系新幹線電車のクリーム色10号の帯を入れた北陸色に塗り替えられる。JR化後の1988(昭和63)年以降白地に青帯の新塗色に変更され、いまは見られない。

475系

急行用から近郊用に転身
活躍はJR化後も続いた

急行形交直流電車による急行列車の運転は1985(昭和60)年3月13日限りで終了し、近郊用として活路を見いだす。471・473系の一部は417系タイプの車体に載せ替えられた一方で、475・457系は扉周辺のクロスシートをロングシートに改造といった変更にとどまる。製造コストの高い交直流電車は重宝され、2021(令和3)年3月まで活躍した。

■赤１号
マンセル値：6R 3.8/13
RGB：R175 G40 B48
CMYK：C38 M97 Y88 K4

■クリーム色１号
マンセル値：1.5Y 7.8/3.3
RGB：R214 G193 B153
CMYK：C21 M26 Y43 K0

1985（昭和60）年11月　札幌運転区

近郊形交流電車新塗色

郵便マークの赤に側扉にも塗られた白帯

北海道で活躍を続ける711系近郊形交流電車のイメージを変えるため、1985（昭和60）年に旧塗色（p116）から赤１号の地にクリーム色１号の帯という姿に塗り替えられた。赤１号はそれまで郵便車に標記されていた郵便マークなどで用いられていたが、車体外部に広く塗られる色としては初めての採用だ。帯は国鉄末期に新登場の塗色としては珍しく側扉にも描かれた。そのせいかは不明だが、JR化後も塗色は変更されなかった。

711系

新製から赤色を基本とし「赤い電車」と呼ばれる

国鉄末期に変更された塗色はがらりと傾向を変えたものが多い。そのようななか、色調が異なるとはいえ、711系は引き続き赤色の地を採用し、「赤色の電車」と呼ばれた。３両編成38本が使用されていたうち、JR化後に５編成の両端のクハ711形が３扉車に改造されている。改造車は識別のため、３カ所の側扉の帯の上下に同色の細い帯が追加された。

1986(昭和61)年8月　仙台電車区

仙台色　200系新幹線電車と同じ配色で東北路を行く

仙台地区の普通列車に用いられていた客車を電車に置き換える目的で、1985(昭和60)年3月14日のダイヤ改正で近郊形交流電車の715系1000番台が投入された。すでに417系が使用されていたので近郊形交直流電車色(p82)でもよかったのだが、新鮮味が必要とクリーム色に緑14号の帯の新塗色、仙台色が登場する。クリーム色は当初は1号であったが、後に10号に変わり、200系新幹線電車(p138)と同じ配色となった。

■クリーム色10号
マンセル値：1.5Y 9/1.3
RGB：R252 G242 B224
CMYK：C2 M6 Y14 K0

■緑14号
マンセル値：10GY 3.53/6.7
RGB：R43 G95 B50
CMYK：C84 M52 Y98 K18

715系1000番台
583系時代と変わらず新幹線電車と同色

種車となった583系(p118)の塗色は新幹線に接続することから0系のイメージを引き継いだが、近郊形に改造されると今度は200系と同じ配色になり、仙台駅を中心に東北新幹線に接続する列車であるとアピールした。側面では一直線に伸びる緑の帯も、前面では太くなって下部に移動し、後部標識灯を覆う。ここを見ると583系時代が思い出される。

■白
マンセル値：N9.2
RGB：R248 G248 B248
CMYK：C3 M2 Y2 K0

■青20号
マンセル値：4.5PB 2.5/7.8
RGB：R12 G63 B113
CMYK：C98 M84 Y40 K4

100系
窓上から屋根まで真っ白 窓回りのほかに細い帯

100系の塗り分けは単に0系のアイボリーホワイトを置き換えただけではない。0系では雨どいが青色に塗られていたが、100系では雨どい自体が存在しないので、窓上から屋根まで真っ白となった。もう一つは窓回りの青色の下にもう1本青色の帯を追加した点だ。100系と0系との区別のためというよりも人々の目を引く目的らしい。

1986（昭和61）年10月　東海道新幹線 東京駅

ニュー新幹線色
東海道・山陽新幹線の白とは100系の白に

国鉄は100系の開発に当たり、デザイン専門委員会を設け、車体外部色の検討を行う。この結果、車体外部色のうち0系の窓回りや裾部、スカートの青色はそのまま引き継がれた一方、大部分を占めるアイボリーホワイトはイメージチェンジのためにより白らしい白へと変更されている。白らしい白は好評でJR化後、0系もアイボリーホワイトから塗り替えられ、いまや東海道・山陽新幹線の白と言えばこの色を指すようになった。

1986（昭和61）年9月　札幌運転区

キハN183色　意欲作も、同時期に登場の私鉄電車と同じ色

JR北海道向けのキハ183系500番台の車体外部色は、新しい北海道の鉄道の象徴となるよう、「フレッシュな感覚」のデザインが採用された。白地に赤、朱色の帯、窓周りの黒と、定期運用される車両初と言える4色の塗装に国鉄の力の入れようがうかがえる。ただし、このデザインは1985（昭和60）年に登場の東武鉄道6050系電車と同じで分が悪い。JR化後は、1990年代の終わりまで見ることができた。

（マンセル値不明）

■白
RGB：R245 G245 B245
CMYK：C5 M3 Y3 K0

■赤
RGB：R210 G69 B38
CMYK：C2 M85 Y99 K0

■朱
RGB：R248 G184 B142
CMYK：C0 M36 Y47 K0

■黒
RGB：R42 G42 B42
CMYK：C62 M51 Y50 K70

キハ183系500番台
赤色と朱色の帯の位置は編成を通じて同じ

キハ183形500番台は、白色の地に窓下には上から朱色、赤色の帯が側面と前面とに引かれ、窓まわりは黒に塗られた。朱色の帯はキハ183形前位の乗務員室扉の後ろから窓上に向けて伸ばされ、そのまま前面窓上へと続いている。2本の帯はハイデッカー構造のキロ182形でも同じ位置に引かれ、編成としての統一感を醸し出している。

（マンセル値不明）

■白
RGB：R245 G245 B245
CMYK：C5 M3 Y3 K0

■赤
RGB：R201 G36 B47
CMYK：C27 M97 Y86 K0

■青
RGB：R36 G64 B93
CMYK：C92 M79 Y51 K16

1986（昭和61）年9月　弥彦線 吉田駅

115系1000番台
一次、二次、弥彦線色と変遷を重ねた新潟色

新潟色は、試験塗色（写真）に対して量産版は前面の青色が窓回りだけとなり、窓下の前部標識灯と後部標識灯との間に赤帯と幅の同じ青帯が入れられた。また、写真では側面の窓回りの青と赤色の帯とが斜めに引かれた部分があるが、前位以外は一直線となり、前位のN字状の部分も変えられた。JR化後、前面の青帯の上に2本青帯が追加されている。

新潟色　雪、海、ユキツバキの花の色をあしらう

旧新潟色70系（p103）が引退後、新潟地区に投入された115系は湘南色で、地域の特色を生かした塗色の伝統は一時失われていた。1986（昭和61）年の夏になり、国鉄は新潟地区の115系に独自の塗色を施すことを決め、雪の白をベースに、日本海の青と新潟県の木であるユキツバキの花の色の赤とをアレンジした新しい新潟色が完成する。写真は試験塗色で、後に窓まわりの青や赤色の帯を手直ししたデザインが本採用となった。

1986(昭和61)年11月　中央本線 辰野駅

長野色　クリーム色、緑色で信州のさわやかさを表現

中央本線の辰野～塩尻間には、1986(昭和61)年11月1日からクモハ123形が投入された。塗色は側面がクリーム色地に緑色の帯、前面では両者を反転させて緑地にクリーム色の帯として、信州のさわやかさを表している。前面窓下中央ではクリーム色の部分がヘッドマークに合わせてT字型に切り込まれた。

■クリーム色10号
マンセル値：1.5Y 9/1.3
RGB：R252 G242 B224
CMYK：C2 M6 Y14 K0

■緑14号
マンセル値：10GY 3.53/6.7
RGB：R43 G95 B50
CMYK：C84 M52 Y98 K18

クモハ123形　荷物電車からの異色の改造車

1980年代半ばの荷物輸送廃止で大量の荷物車が余剰となる。製造されたばかりの直流荷物電車、クモニ143形は旅客車に改造され、その第一号が長野色のクモハ123-1だ。2013(平成25)年まで活躍を続けた。

1986(昭和61)年11月　長野第一運転区

長野かもしか色　側面にひときわ輝く長野の頭文字「N」

1986(昭和61)年11月1日、富士見・茅野・上諏訪・天竜峡・飯田～長野間の急行「かもしか」が誕生し、専用の165・169系が投入された。塗色はクリーム色の地、前面は緑色の帯、側面は中央に長野の頭文字の「N」が緑色で大きくかたどられている。「かもしか」廃止後も、塗色は1990年代半ばまで残った。

■クリーム色10号
マンセル値：1.5Y 9/1.3
RGB：R252 G242 B224
CMYK：C2 M6 Y14 K0

■緑14号
マンセル値：10GY 3.53/6.7
RGB：R43 G95 B50
CMYK：C84 M52 Y98 K18

169系・169系　グレードアップされた「新急行」用

急行「かもしか」用として165・169系は塗色の変更に加え、車内のグレードアップが実施された。腰掛は0系から捻出された転換腰掛または簡易リクライニングシートとなり4両編成5本が投入されている。

1989（平成元）年6月　烏山線 滝～烏山間

1988（昭和63）年5月　鹿児島本線 二日市～原田間

烏山色　側面の緑は「JR」にも見えるが……

1986（昭和61）年11月以降、烏山線用の気動車向けに登場した塗色で、クリーム色10号の地に緑14号の帯と、200系新幹線電車と同じ配色となる。緑色の帯は前面では窓下に一直線に引かれた。側面の緑の塗り方は独特で、端部では裾部に引かれ、途中で二度窓上へと伸ばされる。「JR」にも見えるが詳細はわからない。

■クリーム色10号
マンセル値：1.5Y 9/1.3
RGB：R252 G242 B224
CMYK：C2 M6 Y14 K0

■緑14号
マンセル値：10GY 3.53/6.7
RGB：R43 G95 B50
CMYK：C84 M52 Y98 K18

キハ40形1000番台　便所を撤去して登場した新区分番台

烏山線用キハ40形2000番台からトイレ設備を撤去したもの。9両が登場してJR化後も使用されたが、2017（平成29）年限りで引退した。一部は一般形気動車色（p50）や首都圏色（p130）に塗り替えられていた。

九州色　JR九州の発足直前に一斉に塗り替え

九州地区では1986（昭和61）年秋以降、近郊形電車や一般形ディーゼル動車の塗色をクリーム色10号の地に青23号の帯へと一斉に変更した。新塗色の415系の姿は常磐線色（p148）に似ているが、青みが強い。青は窓下のほか、窓上の雨どい付近にも細めに引かれている。いまでも見ることのできる貴重な国鉄色の一つだ。

■クリーム色10号
マンセル値：1.5Y 9/1.3
RGB：R252 G242 B224
CMYK：C2 M6 Y14 K0

■青23号
マンセル値：（不明）
RGB：R0 G79 B138
CMYK：C95 M74 Y27 K0

415系　いまも元気に関門トンネルを越える

JR九州の415系近郊形交直流電車は、関門トンネルを通過できる同社唯一の電車であるため、いまも後期製造分が重宝されている。写真の鋼製車のほかステンレス車もあり、こちらの帯色は青25号だ（p210）。

1986(昭和61)年6月　茅ケ崎機関区

相模線色　配色はステンレス製の電車にいまも健在

国鉄の分割民営化を翌年に控えた1986(昭和61)年春以降、相模線用のディーゼル動車は首都圏色から、直流電気機関車のクリーム色1号地に0系新幹線電車の青20号の帯をまとう。相模線は1991(平成3)年3月16日に電化され、その際に投入されたステンレス車の205系500番台はクリーム色と青色と2色の帯を入れている。

■クリーム色1号
マンセル値：1.5Y 7.8/3.3
RGB：R214 G193 B153
CMYK：C21 M26 Y43 K0

■青20号
マンセル値：4.5PB 2.5/7.8
RGB：R12 G63 B113
CMYK：C98 M84 Y40 K4

キハ30形　補強板に合わせた前面の青

通勤形ディーゼル動車キハ30形前面の青色の形状は、同じ形の補強板に合わせたもの。側面の青帯は、外吊りの両引戸とともに、安全のために両隣の窓下にも貼らないでいたほうがよかったかもしれない。

1987(昭和62)年3月 東海道本線 大阪駅

福知山線色　短命に終わった国鉄色の一つ

福知山線は1986(昭和61)年11月1日に宝塚～福知山間が電化され、近郊形直流電車の113系が投入される。塗色は黄5号の地に青20号の帯が入れられた。黄5号は1981(昭和56)年4月に塚口～宝塚間の電化時に投入された103系と同じ色。青は103系と区別を付けるためのようだ。JR化直後に塗色変更された。

■黄5号
マンセル値：2.5Y 7.5/8.8
RGB：R225 G181 B74
CMYK：C17 M33 Y77 K0

■青20号
マンセル値：4.5PB 2.5/7.8
RGB：R12 G63 B113
CMYK：C98 M84 Y40 K4

113系800番台　耐寒耐雪構造を備えた改造車

福知山線全線電化時に投入の113系で耐寒耐雪構造をもつ。2両編成14本28両、4両編成9本36両の計64両が改造された。JR化後も改造され、クモハ113形の一部は415系800番台に改造されている。

1986(昭和61)年6月　高崎第一機関区

八高線色　窓回りの黒色が引き締まった印象を与える

国鉄末期となると八高線用の通勤形ディーゼル動車のキハ30系は老朽化が進み、置き換えが求められ、1986(昭和61)年春にキハ38形が投入された。塗色は従来のイメージを一新するため、クリーム色の地に窓下を赤色の帯、窓回りと帯の下とを黒色に塗っている。前面窓回りの黒色は塗装で、ジンカート処理ではない。

(マンセル値不明)

■クリーム
RGB：R252 G242 B224
CMYK：C2 M6 Y14 K0

■赤
RGB：R132 G46 B54
CMYK：C50 M92 Y77 K20

■黒
RGB：R42 G42 B42
CMYK：C62 M51 Y50 K70

キハ38形　八高線の電化とともに消滅

キハ35形の機器をほぼ流用して車体に載せ替えた車両で、トイレ付きの0番台が4両、トイレなしの1000番台(写真)が3両登場した。2021年現在は水島臨海鉄道に譲渡の1両が一般形気動車色で運行中。

1989(平成元)年7月　仙石線 野蒜～矢本間

仙石線105系色　国鉄最終日に登場

国鉄の分割民営化直後に仙石線を増発するため、103系から改造の105系が投入される。塗色は白地に窓下に上から青色、赤色が基本で、側面の前位だけ窓回りの上半分は青色、下半分は赤色と変化が付いた。前面などロシア国旗のデザインに酷似しているが、この塗色の登場当初はソ連であり、国旗は異なる。

(マンセル値不明)

■白
RGB：R248 G248 B248
CMYK：C3 M2 Y2 K0

■青
RGB：R12 G63 B113
CMYK：C98 M84 Y40 K4

■赤
RGB：R191 G55 B45
CMYK：C31 M91 Y90 K1

105系　わずか1日だけの国鉄色

仙石線用の103系を2両編成での運転用に2編成4両が改造された。改造年月日は1987(昭和62)年3月31日で、1日だけ国鉄で過ごした国鉄色である。営業開始はJR化後で1998(平成10)年まで活躍した。

1987（昭和62）年4月　広島駅

1987（昭和62）年2月　鶴田駅

可部線色　標記類は青色の帯上に記載

可部線に単行運転可能なクモハ123形が1987（昭和62）年3月に投入された際に誕生した。前面、側面とも白の地に2本の青20号の帯を腰部に入れている。青色の帯は上側が幅90㎜、下側が幅290㎜で、下側の帯上に形式番号やJRマークなど各種標記が記された。その後3両すべて濃黄色一色に塗り替えられている。

■白
マンセル値：N9.2
RGB：R248 G248 B248
CMYK：C3 M2 Y2 K0

■青20号
マンセル値：4.5PB 2.5/7.8
RGB：R12 G63 B113
CMYK：C98 M84 Y40 K4

クモハ123形　側面のスイング開閉式の大窓が特徴

クモニ143形をもとに改造された2扉ロングシートの近郊形電車で、クモハ123-1（p164）に次いで2～4の3両が登場した。地域の要望を採り入れ、側窓は上部が内側に倒れるスイング式の大窓となる。

キハ32形色　投入される地域ごとにストライプの色を設

キハ32形が1987（昭和62）年3月に四国に投入された際に採用された。車体はクリーム色が全面に塗られ、帯は前面では貫通扉を除く窓下に水平に、側面では前位から後位に向けて左上から右下に下りている。帯の色は松山地区向けが朱色、徳島地区が赤色（写真の1両目）、高知地区が青色（写真の2～5両目）だ。

■クリーム色10号
マンセル値：1.5Y 9/1.3
RGB：R252 G242 B224
CMYK：C2 M6 Y14 K0

●高知帯：赤1号
マンセル値：6R 3.8/13
RGB：R175 G40 B48
CMYK：C38 M97 Y88 K4

●松山帯：黄かん色
マンセル値：4YR 5.5/11
RGB：R202 G112 B39
CMYK：C27 M66 Y93 K0

●徳島帯：藍色
マンセル値：（不明）
RGB：R35 G71 B148
CMYK：C93 M79 Y15 K0

キハ32系　軽快形で徹底的なエコノミー車

JR化直前に登場したディーゼル動車で、バス用の部品を多用して製造コストを抑えた。現在は白色地にJR四国色のライトブルーの帯へと塗色が変更されている。キハ32 3はイベント用として0系風に装いを改めた。

1940年代以前の国鉄色

戦前から戦後混乱期にかけて、
ほとんどの列車が蒸気機関だった時代の鉄道車両は、
黒やぶどう色のような、汚れが目立ちにくく暗めの塗装を施すのが当たり前だった。

1985(昭和60)年6月　函館本線 銀山〜然別間

蒸気機関車色

赤さびを抑えるために皮膜処理された伝統の「黒染め」

■黒
マンセル値：N1.5
RGB：R34 G34 B34 ／ CMYK：C63 M52 Y51 K75

「汽笛一声、新橋を」と歌われて日本の蒸気機関車が走り始めて以来、鉄道院の時代、鉄道省の時代、そして戦中、戦後、国鉄時代まで、蒸気機関車の色は黒であった。その一番の理由はさび防止だ。「黒染め」とも呼ばれる、黒い四酸化三鉄による皮膜処理を行うことで、防錆性を高めている。海外ではカラフルな機関車も登場していたが、日本では、イギリスやアメリカからの輸入機が導入された草創期から、実用性に優れ煤も目立たない黒が採用された。国鉄色にも「黒」が制定されているが、純粋な黒よりも若干明度を上げた黒で、蒸気機関車は車体全体に油が塗られ、まるで生きているように黒光りしていた。

日本の鉄道の発展とともに歩んできた蒸気機関車だが、1976（昭和51）年3月2日に北海道の追分機関区で入換作業を行ったのを最後に引退。その前年、最後に旅客列車を牽引したC57形135号機は、現在大宮の鉄道博物館にて保存されている。

1980（昭和55）年３月　山口線 船平山～津和野間

■C57形
美しいフォルムが人々に愛された

1937（昭和12）年から1947（昭和22）年にかけて、201両が製造された旅客用の蒸気機関車だ。その整った姿から「貴婦人」の愛称にて親しまれた。写真の１号機は、房総各線や東北本線、羽越本線などで活躍し、1979（昭和54）年からは国鉄初の蒸気機関車復活運転である「SLやまぐち号」を牽引している。

C62形　優等列車を牽引し颯爽と走った、国内最大の旅客用蒸気機関車

D52形のボイラー等を利用して、1948（昭和23）年から翌年にかけて49両が製造された、国産旅客用として最大の蒸気機関車だ。東海道本線に特急「つばめ」「はと」が復活すると、その牽引機として活躍した。1956（昭和31）年に東海道本線が全線電化を果たすと山陽本線へ活躍の場を移し、さらに東北・上越線や北海道にも投入された。写真の３号機は北海道に渡って函館本線函館～札幌間の急行「ニセコ」の牽引機として活躍。特に山線と呼ばれた長万部～小樽間での力強い重連運転は鉄道ファンの人気を博した。また、C62形は1954（昭和29）年に東海道本線の木曽川橋梁付近にて日本の蒸気機関車として最高速度記録である129km/hを記録した機関車でもある。

1980（昭和55）年7月　小野田線 雀田駅

旧型国電警戒色

作業員の多い工業地帯の中を走るため視認性を向上

■ぶどう色２号
マンセル値：2.5YR 2/2
RGB：R66 G48 B43／CMYK：C70 M76 Y77 K47

■黄５号
マンセル値：2.5Y 7.5/8.8
RGB：R225 G181 B74／CMYK：C17 M33 Y77 K0

戦前からの電気機関車や電車は、客車などと同様ぶどう色（p40）一色が基本だったが、前面に黄色い警戒帯を巻いた車両や、ゼブラパターンの警戒色を配した車両も登場した。これらの車両は、主に山口県の宇部線や小野田線で運用された。同路線は工業地帯を運行し、線路際で作業を行う引込線なども多いため、周囲からの視認性向上のために導入されたものと思われる。しかし、宇部・小野田線に新性能車両105系が投入されると、この配色をまとった旧型電車は雀田～長門本山間を除き1981（昭和56）年３月20日をもって消滅。長門本山支線に残ったクモハ42形は、その後ぶどう色一色に塗り替えられて旧型国電警戒色は消滅。クモハ42形も2003（平成15）年3月14日限りで引退した。

なお、前面に警戒色を配するカラーは他にも見られ、広島県の可部線で活躍していた72系は山手線と同じうぐいす色だったが、車両前面の上下に朱色の塗装が入っていた。

1986（昭和61）年２月　広島運転所矢賀派出所

■クモヤ90形102
車体を新製した事業用車両

旧型国電のモハ72形を種車に事業用に改造された車両で、車両基地内の入換え作業や、工場入出場車の牽引を担当した。1979（昭和54）年から翌年にかけて改造された102～105と201～202の７両は、同時期に新製されたクモヤ145と同等の車体を新造し、前面にクモヤ145と同様の黄色い警戒帯を巻いて落成した。

クモハ42形　最後まで残った旧型国電

1934（昭和９）年7月20日、東海道・山陽本線吹田～須磨間電化に伴い「モハ42」として製造された、関西地区最初の国電型車両の１形式だ。片側２扉、クロスシート、両運転台付きの車両。片運転台のクモハ43形、クハ58形、クロハ59形等が同時にデビューし、京阪神地区で阪神電鉄や阪神急行（現在の阪急）などと争った。小野田線にて最後まで残っていたクモハ42形は、1957（昭和32）年に宮原電車区から直接転属した車両だが、一部田町電車区にて東京生活を過ごしていた車両もある。旧型国電の大半が国鉄時代に引退となったのに対して、長門本山支線のクモハ42形はJR西日本に承継され、クモハ123形が導入された2003（平成15）年３月改正まで活躍を続けた。

1979(昭和54)年7月　山陽本線 瀬野～八本松間

EF59形　「セノハチ」越えに電化の波をもたらした老兵

山陽本線の難所である、瀬野～八本松間の通称「セノハチ」で補機として使用するため、EF53形及びEF56形から改造された電気機関車。歯車比の変更や、重連総括制御装置の取付などが行われ、22.6‰の連続急勾配が続く上り線で、後補機として使用された。元はぶどう色1色だったが、必ず麓側の下関方に連結されたため、下関方の前面にトラ模様の警戒色が塗られていた。

■クリーム色3号
マンセル値：7.5YR 7.3/7
RGB：R228 G171 B108
CMYK：C14 M40 Y60 K0

■ぶどう色3号
マンセル値：7.5R 2/6
RGB：R87 G36 B38
CMYK：C60 M88 Y80 K45
※色見本は戦後の京阪神地区急行の規定色。写真の保存車両の色とは異なる可能性がある。

クモハ52形
先頭部の流れるスタイルから「流電」として親しまれた車両

1936（昭和11）年にデビューした流線形の電車だ。関西圏専用の車両として、そのカラーとともに一世を風靡した。後に阪和線に転用され、戦後は飯田線にて旧型国電の仲間たちと活躍を続けた。「戦前型電車の宝庫」だった飯田線でも特に人気が高かった車両で、写真のトップナンバー車は引退後、吹田工場（現・吹田総合車両所）にて保存されている。

1986（昭和61）年2月　吹田工場

関西急電色　鉄道先進域・関西圏を颯爽と走った

1936（昭和11）年5月1日に始まった、東海道本線大阪～神戸間の急行電車運転を踏まえて、1936（昭和11）年～1937（昭和12）年に製造された流線形電車の車体カラーとして登場した配色で、気品あるカラーとして人気を博した。戦後、1950（昭和25）年に80系が京阪神地区急行として運転を開始した際に、湘南色と同じような塗り分けながらこの関西急電色が復活したが、増備とともに通常の湘南色に変わっていった。

機器類の色にも指定があった国鉄色

「国鉄色」というと、「湘南色」や「特急色」といった、車体外部の塗装がイメージされるが、実際には車内の床や壁、床下の機器類など、あらゆる場所に色が定められていた。これらの色を定めていた規定が「車両塗色及び標記基準規定」だ。国鉄色のバイブルとも言える「国鉄車両関係色見本帳」は、「車両塗色及び標記基準規定」によって定められた塗色を実際の塗料で示した見本帳である。

同規定に定められた、車体外部色以外の色をいくつか紹介しよう。在来線の電車・気動車・機関車等の下回り機器類は黒だ。新幹線0系も同様に黒だが、ボディマウント構造を採用した200系は、台車を含めて灰色1号が指定されている。電車の屋根外面、通風器、空調カバーは原則としてねずみ色1号。パンタグラフも同じくねずみ色1号だ。

配管も、用途によって細かく決められている。電気配管は薄茶色5号、作動油の高圧配管は朱色3号、潤滑油や作動油の低圧配管は黄かっ色1号。燃料油の配管は赤1号で、これは郵便車の郵便マークや、コンテナのJNRマークと同じ色だ。水まわりの配管は青9号(そら色)。用途や危険度によって、色が使い分けられていたことがうかがえる。また、電車のブレーキ管締切コックは中央線快速の車体外部と同じ朱色1号(オレンジバーミリオン)が使われていた。

車内の内張りは、時代によって色が変わっている。1970年代以前に登場した通勤・近郊形車両には淡緑1号(薄緑色)が、485系以前の特急形車両や急行形、新幹線0系普通車などは薄茶色6号(茶ねずみ色)が広く使われていた。だが、特急形電車は寝台電車581系からクリーム色9号(アイボリー)が使われるようになり、この色はやがて105系や201系といった通勤形電車にも採用された。一方、運転室の内張りは、新幹線0系を含め多くの車両に淡緑3号(ミストグリーン)が使われていた。

ユニークなところでは、食堂車の椅子は黄4号、在来線の冷水器は灰色8号となっていた。

「車両塗色及び標記基準規定」は、車体標記の色も定められていた。基本は白だったが、181系などの特急形車両は窓部と同じ赤2号、うぐいす色やカナリアイエローの車両は黒といった具合に、視認性の観点から細かく決められていた。寝台車のデッキや、新幹線0系を含む電車の車内銘板は、寝台客車色と同じ青15号だ。

貨　車

実用第一の貨車も、時代と用途によってさまざまな塗色が使用された。
国鉄貨物のシンボル的なカラーもあれば、
私有タンク車のようにその用途や企業の特色を表わしたカラーもあった。

1980（昭和 55）年5月　宗谷本線　南稚内駅

貨車色　近代日本の物流を支えた数々の貨車はその多くが黒

■黒
マンセル値：N1.5
RGB：R34 G34 B34／CMYK：C63 M52 Y51 K75

日本の鉄道の歴史が始まって以来、積載する積荷や用途によって、さまざまな貨車が活躍してきたが、その色はほとんどが蒸気機関車と同じ黒だった。その理由も基本的には蒸気機関車と同じで、防錆や煤・汚れを目立たなくするためだった。

戦後になると、黒一色からの脱却が図られ、とび色（p188）の有蓋車をはじめ「黒くない貨車」が現れる。やがてコンテナ輸送の時代になると、コンテナのグリーンが国鉄貨物輸送を象徴する色に変わっていった。

1970年代以降、国鉄貨物は斜陽の時代を迎える。貨車総数は1968（昭和43）年3月31日時点の14万1477両から、ヤード系輸送が終了した1984（昭和59）年3月31日には6万3500両にまでに減少。国鉄最後の日となった1987年3月31日ではさらに減り、1万7520両だった（いずれも私有貨車を除く）。近年はモーダルシフトによって鉄道貨物が復権しており、カラフルな貨車やコンテナが増えている。

1985（昭和60）年10月　函館本線 函館駅

国鉄連絡船の岸壁で活躍した控車

国鉄連絡船があった時代、控車と呼ばれる貨車があった。青森と函館とを結んだ青函連絡船は、貨車を積載することができたが、船と岸壁とをつなぐレールは機関車の重さに耐えることができない。そこで、機関車が連絡船側に入らなくても貨車を入換できるよう、機関車と貨車との間に連結された車両が控車だ。控車には機関車を誘導する職員が添乗した。写真はヒ500形。

タキ3000形　今ではカラフルなタンク車も国鉄時代は黒がほとんど

1947（昭和22）年から1964（昭和39）年にかけて1594両が製造された、30t積載・2軸ボギーのガソリン輸送専用タンク車だ。下3桁が製造番号だったが、製造両数の関係から、写真のタキ13052のように万位に数字を加えた車両もある。国鉄所有の車両は50両のみで、ほとんどは企業が所有する私有貨車である。現在では、私有貨車、特にタンク車は所有企業のコーポレートカラーに彩られることが多いが、国鉄時代は原則黒1色だった。常備駅として表示されている中島埠頭駅は、秋田県の秋田臨海鉄道の駅で、青函連絡船に載せられて、函館本線から宗谷本線を経て南稚内まで旅してきたことになる。中島埠頭駅にてガソリンを積載し、最果ての稚内まで輸送してきたのだろう。

1980(昭和55)年5月　宗谷本線 南稚内駅

キ100形　機関車に後押しされて除雪に活躍した老兵

単線用のラッセル車。機関車の後押しを受け、くさび形の先頭部で線路に積もった雪を掻き分け、車体側面の大型除雪翼を拡げて線路の両側に除雪する。複線用の、線路の外側にのみ雪を押し出すキ550形もある。車体側面の黄色帯は、青函連絡船への積載を禁じる「道外禁止」を表し、北海道内だけで使われていた。線路の雪をかき集めるマックレー車、その雪を線路外に飛ばすロータリー車などもあった。

1980（昭和55）年5月　宗谷本線 南稚内駅

ワラ１形　高度成長時代の国鉄貨物輸送を代表する貨車

1962（昭和37）年から1966（昭和41）年にかけて、１万7376両が製造された全長8.04m、17t積みの２軸貨車だ。製造両数とともに国鉄を代表する有蓋貨車である。当時の国鉄は、操車場にて目的地別に貨車を繋ぎ変えて輸送するヤード系が基本であったため、ワラ１形には常備駅が決まっておらず、日本全国を旅した。1984（昭和59）年２月１日ダイヤ改正にてこのヤード系輸送は廃止となっている。

1981（昭和56）年３月　宇部線 宇部〜岩鼻間

セキ6000形　石炭輸送が消えた後は石灰石輸送に従事

1968（昭和43）年にセキ3000形の台車を履き替えて誕生した貨車で、65両が在籍した。形式の「セ」は石炭貨車を意味する。しかしながら、撮影した当時はすでに石炭輸送の任務はなくなっていたため、美祢線美祢にて産出した石灰石を宇部港まで運んでいた。形式の頭に見える「ロ」は特殊標符号で、この貨車の最高速度が65km/h以下に抑えられていることの表記である。

1980（昭和55）年5月　宗谷本線 南稚内駅

ヨ3500形 「ヨ太郎」とも呼ばれた貨物列車のテールエンダー

1950（昭和25）年～1958（昭和33）年にかけて595両が製造された車掌車で、貨車の一種に分類される。国鉄がヤード系輸送を行っていた時代、車掌車は貨物列車の最後部に連結され、ここに乗務した車掌は機関士に発車合図を送ることなどを任務としていた。車内にはトイレ設備も用意されていたほか、冬季は暖房を得るためにダルマストーブも設置、簡単なテーブルも設けられていた。

1980（昭和55）年５月　宗谷本線 南稚内駅

コンテナ車色　新しい鉄道貨物輸送の主力として急成長を果たした

トラックと連携して拠点間輸送を行い、「戸口から戸口へ」のキャッチフレーズにて人気を博した国鉄コンテナを搭載したコンテナ貨車は、「赤茶色」と呼ばれる赤３号を使用していた。赤３号は無蓋貨車のトキ25000形などにも使われている。JR貨物のコンテナ貨車はコンテナブルーを中心に灰や黄、赤などを採用している。

■赤３号
マンセル値：7.5R 3.5/5
RGB：R123 G71 B65
CMYK：C55 M77 Y72 K19

コキ5500形　汎用性が高く全国の拠点間輸送で活躍したコンテナ車

1962（昭和37）年から1970（昭和45）年にかけて製造された、初代コンテナ貨車チキ5000形の後継車両。チキ5500形と称したが1965（昭和40）年の形式称号改正にてコンテナ貨車を表す「コキ」となった。

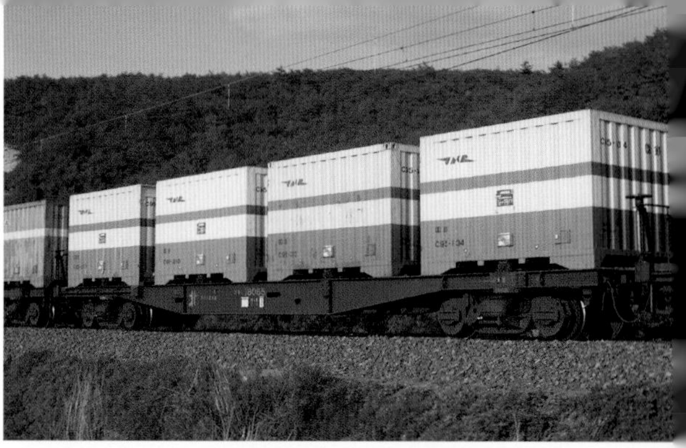

1979（昭和54）年５月　東北本線 金谷川〜南福島間

特急コンテナ車色　国鉄貨物輸送の粋を集めトラック輸送に対抗

軽量化や制動性能の向上によって、最高速度100km/h運転を可能とした、特急コンテナ貨車のカラー。一般のコンテナ貨車の赤に対して、20系客車と同じ濃い青（インクブルー）に塗装された。1960年代に入って、長距離トラック輸送が急増したことから、特急貨物列車（現在の高速貨物列車）の速度向上を図って登場した。

■青15号
マンセル値：2.5PB 2.5/4.8
RGB：R36 G64 B93
CMYK：C92 M79 Y51 K16

コキ10000形　東海道・山陽本線を高速にて駆け抜けた

1966（昭和41）年から1969（昭和44）年にかけて製造された、特急貨物列車用コンテナ貨車。100km/h運転に対応し、コキ5500形と同様に全長18.3m、5t積みコンテナを５個搭載できる。

1978(昭和53)年4月　東北本線 栗橋〜古河間

冷蔵車色　未明の築地市場に飛び込んだ鮮魚貨物列車の主役

鮮魚など、生鮮食料品を輸送した貨車で、白い車体がシンボルだった。漁港近くの貨物駅を常備駅とし、市場まで鮮魚を運び空車で返却された。冷蔵車とは言っても、冷蔵庫のような冷却装置は備えておらず、断熱材を使用することで貨車内の温度を保っていた。1960年代後半には、100km/h運転が可能な高速冷蔵車も登場している。

■白
マンセル値：N9.2
RGB：R248 G248 B248
CMYK：C3 M2 Y2 K0

レサ5000形　東北地方の鮮魚を首都圏に急送

レサ5000形は、100km/h運転に対応するレサ10000形と同じ車体を備えた、東北地方専用の冷蔵車。荷重24t、85km/h運転に対応し、1968(昭和43)年に28両が製造されている。

1997(平成9)年10月　羽越本線 南鳥海〜遊佐間

改良冷蔵車色　保冷能力の高性能化を帯でアピール

冷蔵車の白い車体に、青い帯を入れたもの。昭和30年代、国鉄は一般有蓋車としても使える軽冷蔵車レム1形、レム400形を保有していたが、保冷能力が低かったことから、レム5000形を開発。保冷能力の高さをアピールするために、青帯が入れられた。やはり冷却装置は搭載されず、断熱構造で保冷する仕組みだった。

■白
マンセル値：N9.2
RGB：R248 G248 B248
CMYK：C3 M2 Y2 K0

■青15号
マンセル値：2.5PB 2.5/4.8
RGB：R36 G64 B93
CMYK：C92 M79 Y51 K16

レム5000形　汎用冷蔵車として全国で運用

1964(昭和39)年から1969(昭和44)年にかけて1461両が製造された冷蔵車で、荷重15tという取り回しの良さと保冷能力から全国で活躍した。なお、形式の「レ」は冷蔵車を意味している。

1987(昭和62)年6月　東北本線 東大宮〜蓮田間

コンテナ色　鉄道貨物輸送の主役として急成長

国鉄コンテナ輸送に使用されたコンテナは、1959(昭和34)年の誕生以来山手線うぐいす色と同じ黄緑6号に塗装され、コンテナグリーンと呼ばれた(写真左)。1984(昭和59)年に登場したC35形コンテナからは、イメージ一新のため青22号(写真右)を採用。コンテナブルーと呼ばれてJR貨物のコーポレートカラーに採用された。

■黄緑6号
マンセル値：7.5GY 6.5/7.8
RGB：R142 G184 B113
CMYK：C51 M8 Y73 K2

■青22号
マンセル値：3.2B 5/8
RGB：R0 G138 B162
CMYK：C81 M36 Y34 K0

C20形・C36形コンテナ　国鉄貨物輸送の新時代を支えた新旧コンテナ

C20形(写真左)は1971(昭和46)年に登場したコンテナで、現在も主流の12ft規格を初めて採用した。C36形(写真右)は国鉄分割民営化直前の1986(昭和61)年登場で、2010(平成22)年まで使用された。

1978(昭和53)年2月　千歳線 上野幌〜北広間

ガソリン石油類タンク車色　彩り豊かな私有タンク車の先駆けとなる

青色の太いおなかが特徴的なタンク車で、ガソリンなど危険物輸送を担う貨車のうち、日本オイルターミナルが所有する私有貨車に施されたカラー。当時は、タンク車が黒以外のカラーとなるのは異例のことだった。青色はインクブルーと称される青15号で、寝台電車583系やブルートレインの20系などと同じだが、印象は異なる。

■青15号
マンセル値：2.5PB 2.5/4.8
RGB：R36 G64 B93
CMYK：C92 M79 Y51 K16

タキ43000形　近年復活しつつあるブルーのタンク車

日本オイルターミナルが所有するガソリン輸送専用貨車で、1967(昭和42)年から1993(平成5)年まで、819両が製造された。現在も同社所有の貨車は青15号を維持している。

1986(昭和61)年11月　中央本線 辰野駅

高圧液化ガスタンク車色　法律の規定によって車体色が決まる

LPガスなどの高圧液化ガスを運ぶための専用タンク車は、ねずみ色だった。これは、高圧ガス取締法の規定に沿ったもので、プロパンガスボンベなどと同じ色だった。この他、液化アンモニアガス専用のタキ18600形も同法の規定により白、液化塩素ガス専用のタム8500形は通産省(当時)の容器保安規則により黄1号などを採用していた。

■ねずみ色1号
マンセル値：N5
RGB：R120 G120 B120
CMYK：C51 M39 Y38 K21

タキ25000形　ガスボンベに台車がついたようなタンク車

1966(昭和41)年から1982(昭和57)年にかけて、310両が製造されたした、LPガス専用の25t積みタンク車である。特殊標記符号の「オ」は全長16m以上であることを示している。

1986(昭和61)年2月　博多港駅

濃硫酸希硝酸用タンク車色　塗装ではなくアルミ合金の地色

過酸化水素専用貨車の色で、銀色は塗装ではなくアルミニウム地肌だった。よく似た色のタンク車に、希硝酸専用貨車のタキ8100形があり、こちらの銀色はステンレス製車体の地色だった。ほかに銀色のタンク車としては、エチレングリコール専用のタキ15800形(黒もあり)、濃硝酸専用のタキ7500形などがあった。

■銀色
マンセル値：(なし)
RGB：R209 G208 B216
CMYK：C22 M15 Y9 K0
※塗装ではないためRGBは目安

タキ1150形　危険物輸送貨車であることを明示

1965(昭和40)年～1974(昭和49)年にかけて製造された私有貨車で、過酸化水素を専用で運ぶ30t積みのタンク車である。塗料を使わない特殊なカラーで、危険物輸送貨車であることを鮮明にしている。

1980（昭和55）年３月　鹿児島本線 荒木～西牟田間

高速有蓋車色　特急貨物列車として東海道を疾走した

100km/hの高速運転に対応した有蓋貨車の色である。写真のワキ10000形は銀色に見えるが、これは扉枠と扉板にアルミ合金を用いているため。車体には山手線と同じうぐいす色黄緑6号が使われている。ワキ10000形をベースとした荷貨兼用のワキ8000形、パレット輸送用の荷物車スニ40形、郵便車スユ44形もあり、こちらは青がベース。

■黄緑６号
マンセル値：7.5GY 6.5/7.8
RGB：R142 G184 B113
CMYK：C51 M8 Y73 K2

ワキ10000形　晩年はカートレインとして活躍

ワキ10000形は、1965（昭和40）年～1968（昭和43）年にかけて191両が製造された30t積みの有蓋貨車で、高速貨物輸送を担った。国鉄末期、一部の車両はカートレイン（p204）用として青15号に変更された。

1986（昭和61）年２月　博多港駅

とび色　有蓋貨車色ともいえる国鉄貨物色

1960（昭和35）年、ワム80000形有蓋車の量産車に採用されたのを皮切りに、国鉄有蓋貨車に広く使用された色。今見ると地味な色彩ながら、従来黒ばかりだった国鉄貨車の中にあって、非常に明るく見えた。15t積みのワム80000形は実に２万6605両が製造され、日本で最も大量に製造された鉄道車両である。

■とび色２号
マンセル値：3.5YR 3.8/3.5
RGB：R119 G84 B68
CMYK：C57 M69 Y73 K17

ワキ5000形　日本の貨車を代表する30t車

1965（昭和40）年から1969（昭和44）年にかけて1515両が製造された30t積み、全長15.85mの２軸ボギー有蓋車。15t積みのワム80000形と共に、日本の貨車を代表する存在だった。

1977(昭和52)年11月　東北本線 古河～野木間

1986(昭和61)年2月　鹿児島本線 香椎操車場

車運車色　短命に終わった国鉄の乗用車輸送

1970年代、自動車輸送に活躍した車運車の色。モータリゼーションの進展に合わせて登場した貨車で、自動車メーカーにて製造された乗用車を専用貨物列車で輸送した。しかし、1980年代から自動車輸送は船運が中心となり、1985(昭和60)年までにほぼ消滅した。JRに承継された64両は、赤・白・青のトリコロールカラーが登場している。

■朱色３号
マンセル値：8.5R 5/15
RGB：R218 G72 B40
CMYK：C18 M85 Y88 K0

ク5000形　日産自動車の輸送列車などが有名

1966(昭和41)年から1973(昭和48)年に930両が製造された自動車輸送専用の貨車である。全長は20.5m、２層構造となっており、上下段に４台ずつ８台を搭載。笠寺～東小金井間の輸送などが有名であった。

穀物類用貨車色　北海道などの穀物類を輸送した明るい貨車

小麦やトウモロコシなど、穀物を輸送した貨車で、小麦色と呼ばれたクリーム４号を採用していた。小麦などを運んだホキ2200形のほか、キリンビールによる麦芽輸送用のホキ9800形、トウモロコシ、コウリャン輸送用のホキ8300形などが存在した。ベースとなったホッパ車は本来砕石・砂利などを輸送した貨車だ。

■クリーム色４号
マンセル値：9YR 7.3/4
RGB：R208 G176 B137
CMYK：C23 M34 Y48 K0

ホキ2200形　小麦などを運んだ貨車

1966(昭和41)年から1974(昭和49)年にかけて、1160両が製造された30t積みの２軸ボギー貨車。小麦やとうもろこしなどをそのまま積載することができ、車両限界を最大限活かした卵形の車体を備えていた。

1985(昭和60)年10月　釧路機関区

操重車色　車両というよりは重機だった特殊車両

操重車とは、転覆事故の復旧や、橋桁架設などに使用された、クレーンを装備した鉄道車両のことである。使用用途から、車体は警戒色である黄色1号をまとっていた。しかしながら例外もあり、ソ180形は淡緑色のボディに黄1号の帯を巻いていたほか、橋桁架設用工事車ソ300形のように、銀色の車両も存在した。

■黄1号
マンセル値：2.5Y 8/13.3
RGB：R253 G193 B0
CMYK：C4 M31 Y90 K0

ソ160形　出番がないことが良かった特殊車両

事故復旧時などに使われた特殊車両。クレーンを装備しているため、チキと呼ばれる長物車と組み合わせて機関区構内などに待機していた。写真右側の、クレーンの下にある黒い貨車がチキだ。

現代の電車はラッピングが主流

かつて車両の塗装には、錆防止という目的があった。だが、錆に強いステンレス車両が普及すると、施工に手間がかかりコストも高い塗装を省略する無塗装の車両が増えた(p205～)。一方近年はフィルムラッピングによって装飾する車両が増えている。

フィルムラッピングは、透明のフィルムに色や図柄を印刷して車体に貼り付ける技術だ。印刷技術の向上によって、緻密なデザインはもちろん、質感も表現できるようになったうえ、位置の調整や剥離も容易になった。近年は、E235系のようにステンレスのヘアライン加工を活かしたままドットパターンを載せるなど、塗装にはできないデザインも実現できるようになった。

2021(令和3)年1月　東海道本線 戸塚～大船間

ジョイフルトレイン

「サロンエクスプレス東京」を皮切りに、
国鉄末期に次々と登場したジョイフルトレイン。独自のデザインと設備を競い、
技術革新によってゴールドなどそれまでに見られなかった塗装が多数登場した。

1985(昭和60)年11月　苗穂運転所

くつろぎ(北海道)　キロ29形・キロ59形

Vマークは北海道発祥のお座敷気動車の印

国鉄は、各地で人気の和式客車を北海道にも導入しようと考え、小回りの利く急行形ディーゼル動車のキロ27形3両を改造したキロ29形のお座敷気動車を1973(昭和48)年に投入する。北海道の団体客は50人以下と他地区より少なく、団体専用編成ではなく営業列車に併結する方式を選択した。登場当初は急行形気動車色だったが、1984(昭和59)年にキハ56形から改造された2両のキロ59形が加わると、既存の3両ともどもオリジナルの塗色に変更され、お座敷気動車全体に「くつろぎ」という愛称も付けられた。地の色は直流電気機関車の警戒色などのクリーム色1号で、帯には特急色と同じ赤2号を採用。帯は前面、側面とも「V」の字を描く。赤色は前面の窓上、側面の裾部にも塗られており、アクセントを付けるためか側扉や乗務員室扉も赤一色に塗られている。特徴のある塗色もJR化後に白地に緑色の帯を入れた快速「ミッドナイト」に準じたものに変更され、1999(平成11)年まで活躍した。

1989(平成元)年4月　日豊本線 川南～高鍋間

和式客車海編成　12系800番台

廃止されたグリーン車の帯が太くなって復活

門司鉄道管理局には1972(昭和47)年にスロ62形客車を改造した和式客車1編成がお座敷列車として導入された。1980(昭和55)年に1編成が増備され、12系急行形客車から初めて改造された6両の和式客車が登場した。各車両には「有明」「西海」「玄海」「周防」「日向」「錦江」と海にちなんだ愛称が付けられ、海編成と呼ばれるようになる。塗色は12系オリジナルの青20号の地に窓下に淡緑6号のやや太めの帯を入れたデザインだ。国鉄は1978(昭和53)年に「車両塗色及び標記基準規程」を改正して特急車両以外のグリーン車に引かれていた淡緑6号の帯を廃止したが、海編成のデビューで、特急形を除く客車の座席車(特別車)の飾り帯として再び掲載された。1983(昭和58)年にはスロ62形由来の和式客車がやはり12系からの改造車に置き換えられた。各車両の愛称は山にちなみ、山編成という。塗色は海編成と同じだ。両編成とも1995(平成7)年に姿を消す。

1987(昭和62)年5月　東海道本線 保土ケ谷〜東戸塚間

サロンエクスプレス東京　14系700番台

インペリアルマロン基調の欧風客車

国鉄末期からJR初期にかけて全国に登場した欧風客車、いわゆるジョイフルトレインブームの先駆けとなった車両だ。国鉄は、1980(昭和55)年ごろから和式客車(お座敷列車)の運転で得た経験や旅に対する嗜好の変化を分析し、コンパートメントを備えた欧風客車の投入を決めた。14系特急形座席客車から改造されて、1983(昭和58)年8月に欧風客車「サロンエクスプレス東京」としてデビューを果たした。塗色はインペリアルマロンと称される栗色の赤7号を基調とし、窓上には薄卵色と呼ばれる黄6号、窓下には赤色と称される朱色7号(詳細は不明)という重厚さと気品を兼ね備えた配色となった。

列車は7両編成で、編成の両端には展望室が設けられ、1号車は6人個室3室に5人個室1室、7号車はラウンジスペースを、中間車5両は6人個室5室を備える。1997(平成9)年に6両が和式客車「ゆとり」に再改造され、老朽化のため2008(平成20)年に引退した。

1986(昭和61)年12月　宮原操車場

サロンカーなにわ　14系700番台

40年近く現役で活躍するパイオニア車両

「サロンエクスプレス東京」とほぼ同時期となる1983(昭和58)年9月に、大阪鉄道管理局が世に送り出した欧風客車が「サロンカーなにわ」である。7両の14系特急形座席客車から改造された14系700番台は編成の両端が展望車、残る5両が2列+1列の回転リクライニング腰掛を並べた豪華仕様のグリーン車だ。展望室のデザインは、戦前に国有鉄道で製造された展望車のイメージを踏襲しつつ、全面ガラス張りで広々とした眺望が得られるつくりとなった。塗色は鉄色とも称される青緑6号をベースに、側面の窓回り、それから窓下と裾部の帯が金色に塗られている。「サロンカーなにわ」の塗色は、JR西日本からその後登場した「トワイライトエクスプレス」や「トワイライトエクスプレス瑞風」などの豪華車両に大きな影響を与えた。「サロンカーなにわ」は、JR化後に帯色が金色から黄色に変えられたが、2021(令和3)年も健在で、ツアー列車などに使用されている。

1988(昭和63)年1月　高崎運転所高崎支所

くつろぎ(高崎)　12系800番台

国鉄の分割民営化直前に塗色が変更された

高崎鉄道管理局が1983(昭和58)年に世に送り出した和式客車が「くつろぎ」だ。12系急行形客車から改造された6両中、1・2・5・6号車は和室だけの和式客車として誕生し、編成中間の3・4号車は一部にソファーを備えたサロン室が設けられた。登場当初の塗色は急行形客車時代の青20号の地にクリーム色10号の帯と配色は同じで、帯のみ窓下に太く入れるという程度の変更であった。1987(昭和62)年3月になって塗色が変更され、車体全面を焦げ茶色の地とし、側面には金色が窓回りと裾部の帯に、そして白色が窓上、窓下の帯にあしらわれ、前面では窓回りの金色は窓下の帯へと姿を変えている。側面をよく見ると、窓下の白色の帯にはところどころ数字の1が記されている。これは一等車のイメージからとられたという。JR化後も塗色は変わることなく、引き続き団体臨時列車を中心に活躍を続け、老朽化のために1999(平成11)年に引退した。

1986(昭和61)年10月　盛岡客車区

こまち　キロ59形500番台 キロ29形500番台

国鉄時代も華やかだったが、JR化後はもっと派手に

秋田鉄道管理局は、1983(昭和58)年に客車よりも小回りの利く3両の和式気動車を導入した。内訳はキロ59形500番台2両、キロ29形500番台1両で、キロ59形はキハ58形から、キロ29形はキハ28形からそれぞれ改造されている。3両とも車内は和式客車(お座敷客車)に準じており、客室全面に畳が敷かれ、側面寄りの畳は跳ね上げることが可能だ。なお、3両とも改造の際、ディーゼル機関や車体の振動を防いで乗り心地を向上させるため、畳の下に防振ゴムを敷いた浮床構造に改められた。塗色は赤7号の地に窓下にクリーム色1号と金色との帯が入れられ、側面のほぼ中央ではクリーム色が車体の上から下まで斜めに貫くようにストライプを描いている。JR化後、2回塗色が変わり、特に3度目の塗色は赤、青、黄の3色が大胆にあしらわれた。当初の愛称は「こまち」で秋田新幹線開業後は「おばこ」を名乗り、2006(平成18)年まで活躍を続けた。

1985(昭和60)年12月　名古屋客貨車区

ユーロライナー　12系700番台

窓下の２本の帯の面影はN700Sにも見られる

「名古屋地区にも欧風客車を」という要望にこたえ、12系急行形客車から「ユーロライナー」が改造され、1985(昭和60)年８月に登場した。７両編成を組む「ユーロライナー」は両端の客車が展望車、編成中間の４号車がカフェラウンジ車、残りの４両が６人個室または４人個室を備えた個室車である。展望車の先端部分は大型のガラスを組み合わせて構成されており、低い位置まで窓ガラスが装着された点が特徴だ。個室車は４両とも寝台客車のように天井の高い車体が新規に製造された。塗色は灰色の地、そして側面に青色の帯が窓上に１本、窓下に２本、裾部に１本ずつ入れられた。同じ色に塗られた牽引用の電気機関車、ディーゼル機関車が初めて用意されたのも特筆される。JR東海に継承後も塗色は変わらず、老朽化のために2005(平成17)年に廃車となった。「ユーロライナー」の塗色、特に窓下の２本の青色の帯の面影は、東海道新幹線の最新型であるN700Sにも見ることができる。

1986(昭和61)年10月　苗穂運転所

アルファコンチネンタルエクスプレス　キハ59形 キハ29形

空港〜ホテル間のスキーリゾート列車用の色

石勝線が1981(昭和56)年に開業した後、ホテルアルファはトマム、コンチネンタルホテルはサホロと沿線にスキー場が開設され、多くのスキー客が訪れるようになる。ホテル会社２社はスキー客向けの専用列車の運転を国鉄に求め、座席定員の８割分の売上約7300万円を両社が保証するという条件で国鉄はキハ56形２両、キハ27形１両を種車にリゾート車両の改造に着手した。1985(昭和60)年12月にデビューの３両は全普通車だが、従来の特急車両よりもグレードアップされた。両端の先頭部分は運転室越しに前面の眺望が楽しめる展望室となり、他の客室もハイデッカー構造で、中間車のキハ29形にはビュフェも設けられている。塗色はダークブラウンの地に側面には金色の帯を入れ、窓枠や窓間は黒色で引き締められた。列車は「アルファコンチネンタルエクスプレス」と命名され、車両の愛称としても定着した。老朽化のために1995(平成７)年に姿を消したが、最後まで塗色は変わらなかった。

1986(昭和 61)年10月　秋田駅

エレガンスアッキー　キロ59形500番台 キロ29形500番台

三色の帯は前面ではヒゲ、側面ではUを描く

秋田鉄道管理局では若い世代向けの旅客の利用促進を図るため、欧風気動車３両を1985(昭和60)年10月に投入した。種車となった気動車はいずれも急行形のキハ58形２両、キハ28形１両で、客室は床下に防振ゴムを詰め込んだ浮床構造としたうえで、２列＋１列の回転リクライニング腰掛が並べられている。同鉄道管理局のマスコットキャラクターであるヒョウのアッキーにちなんで「エレガンスアッキー」と名付けられたこの車両の特徴は、天井のシャンデリアや側壁の白熱灯、さらにはデッキ部との仕切壁に取り付けられた車両の愛称と号車番号とを記した行灯で、当時としても昭和レトロなムードを演出した。塗色はクリーム色１号を地に前面、側面ともマルーン(赤７号)、赤１号、朱色３号の３色の帯が入れられ、帯は前面ではヒゲ状、側面ではUの字をそれぞれ描いた。JR化後1997(平成９)年まで活躍した。

1986(昭和61)年３月　岡山客貨車区

ゆうゆうサロン岡山　12系700番台

マルーンに金色は欧風客車の証

各地で登場する欧風客車に刺激され、岡山鉄道管理局も同様の車両を企画する。12系急行形客車６両をもとに改造を進め、1985(昭和60)年11月に営業を開始した「ゆうゆうサロン岡山」だ。スロフ12形700番台２両とオロ12形700番台４両とで６両編成を組み、客室は基本的には側壁に寄せた通路、そして１人がけに２人がけの回転リクライニング腰掛が並べられた。腰掛の背ずりは深く倒すことができ、シートピッチは1580mmと広い。２両のスロフ12形700番台の編成端部には展望室が、オロ12形700番台のうち１両には団体旅行の添乗員用にソファーが設置された空間が設けられている。「ゆうゆうサロン岡山」では和式客車風の使い方や夜行列車への充当も考慮された点が特徴だ。塗色はマルーン(赤７号)の地に窓下に金色の帯が４本入れられている。JR化後に実施された更新工事の際に塗色が変更され、その後も2002(平成14)年まで活躍を続けた。

1987(昭和62)年3月　旭川駅

フラノエクスプレス　キハ84形・キハ83形

西武バスの貸切バスを思わせる配色が特徴

北海道の富良野プリンスホテルは、「アルファコンチネンタルエクスプレス」(p195)の成功に刺激を受け、1987(昭和62)年2～3月に開催予定のスキーFISワールドカップ大会を契機にスキー客用の車両を国鉄に求める。国鉄は同ホテルの要望に応じて新たなリゾート車両3両を用意し、1986(昭和61)年12月から「フラノエクスプレス」として営業を開始した。3両ともキハ80系特急形ディーゼル動車から改造され、両端の先頭車がキハ84形、中間車がキハ83形を名乗る。客室はキハ84形の運転室寄りが展望室、後位が平屋とどちらも普通席、キハ83形はハイデッカー構造の普通席で、平屋の普通席以外は屋根の一部にも窓が設けられた。塗色は白色を基調に窓下にはピンク色、青色と2色の帯、裾部には濃い青色が引かれており、プリンスホテルと同じ西武グループの西武バスの貸切バスに似たデザインだ。JR化後に中間車1両が増備され、1998(平成10)年に営業運転を終えた。

1986(昭和61)年6月　高崎客貨車区

やすらぎ（高崎）　12系800番台

和洋折衷の「やすらぎ」色は洋風

高崎鉄道管理局の和式客車「くつろぎ」(p194)は人気が高く、もう1編成の増備が計画される。引き続き12系急行形客車6両をもとに1986(昭和61)年4月に新たな和式客車が「やすらぎ」として登場した。和洋折衷の客室が特徴で、編成両端の展望室にはソファーが置かれ、和室は全面畳敷きに加え、床に窪みが設け掘りごたつ状にもなる。塗色は0系新幹線電車の色として知られるクリーム色10号をベースに、やはり0系の窓回りなどに用いられている青20号の帯が窓上と窓下とに、それから急行形ディーゼル動車の窓回り用などの赤11号の帯が青色の帯とともに窓下に引かれた。緩急車のスロフ12形800番台では、展望室と和室との境界部分にできた窓のないやや広い空間を埋めるために2本の帯が斜めに入れられている。「やすらぎ」牽引用EF60形19号機も同じ配色で揃えられた。2001(平成13)年まで営業を続け、その後わたらせ渓谷鐵道に一部が譲渡されるが、すでに全車引退している。

1986(昭和61)年3月　品川客車区

江戸 12系800番台

20系寝台客車風の和式客車

東京南鉄道管理局では、和式客車として旧型客車のスロ62形から改造されたスロ81形・スロフ81形を使用していた。だが、80年代半ばには老朽化が進み、陳腐化が際立った。そこで、6両の12系が和式客車に改造され、「江戸」として1986(昭和61)年3月に登場した。「江戸」は和洋折衷の和式客車で、各車両とも畳敷きの客室のほか、編成両端には展望室、また中間車の4両にはソファーを備えた洋風談話室が設けられた。「江戸」で特筆されるのは和式客車や欧風客車につきもののカラオケ装置で、いまでは当たり前となった映像付きの装置が採用されている。塗色は20系寝台客車と同じ青15号の地に、裾部に185系などのクリーム色10号、変更後の711系近郊形交流電車の地の赤1号の帯が入れられ、展望室と和室との境界部分にクリーム色でスリット状の線が描かれた。JR化後も同じ塗装のまま用いられ、2000(平成12)年に引退している。

1986(昭和61)年5月　幕張電車区

なのはな 165系

千葉県の花、菜の花をイメージしたが……

好評の和式客車は終着駅での機関車の付け替えが必要で、最高速度や加速度の点で多数の電車列車が行き交う区間では運転させづらい。そこで、千葉鉄道管理局は和式電車を企画し、1986(昭和61)年3月、165系急行形直流電車6両をもとに「なのはな」として世に送り出した。「なのはな」は3両編成を2本つなげた姿となっており、3両での営業も可能だ。各車両とも和室が設けられており、基本的な構造は和式客車と変わりはない。客室に敷かれた畳のほか、通路部分にもはね上げ式の畳が置かれている。塗色は車両名となった千葉県由来の花である菜の花にちなんで地には黄色が採用され、前面は窓下に青緑の帯、側面は帯に加えて窓回りを緑色とした。塗料の関係なのか、実際の菜の花に比べるとやや黄色みが薄いようにも感じられる。JR化後もこの塗色で営業し、1998(平成10)年、485系改造の「ニューなのはな」に道を譲って現役を退いた。

1986(昭和61)年12月　宮原操車場

みやび　14系800番台

事故で消滅した悲劇の客車

大阪鉄道管理局は、1986(昭和61)年4月から和風客車「みやび」を投入する。7両の14系特急形座席客車から改造された「みやび」は、編成の真ん中に連結される4号車以外は国鉄車両初の掘りごたつ式の和室が採用された。フリースペースの4号車にはやはり国鉄車両初の日本庭園が設けられ、いま挙げた特徴から和風客車と称される。塗色は白色の地に窓下と裾部とにぶどう色の帯が入れられ、緩急車の端部で上下のぶどう色の帯が結ばれた。4号車ではぶどう色部分が窓上まで伸ばされて台形状に描かれている。「みやび」は1986年12月28日、臨時回送列車第9535列車として山陰本線鎧～餘部間の余部橋梁を通過中に突風に煽られ、約41m下の工場や民家に転落してしまう。この事故で乗務中の車掌1人と工場の社員3人が死亡、車内販売員3人と工場の社員3人の計6人が負傷する。「みやび」は全車両が廃車となり、短命な国鉄色となった。

1987(昭和62)年4月　北陸本線 新疋田～敦賀間

ゆぅトピア　キロ65形

特急「雷鳥」と連結されたリゾート車両

国鉄は関西地区と能登半島とを直通する特急列車の運転を計画した。当時の七尾線は非電化であったので、リゾート車両のキロ65形「ゆぅトピア」をキハ65形からの改造で充当することとなり、大阪～金沢間は交直流特急形電車で運転の「雷鳥」に連結されて無動力で、金沢と七尾線の和倉温泉との間は自力でそれぞれ走行する方法が採用された。2両のキロ65形はともに前面に「アルファコンチネンタルエクスプレス」(p195)のキハ59形と同じ前面が取り付けられ、フリースペースの展望室が設置され、展望室以外の客室はグリーン車となった。塗色は白色を基調に前面、側面とも窓回りが青色となり、展望室と通常の客室との境界部分には金色の帯が窓上から窓下に向けて斜めに引かれている。「ゆぅトピア」は1986(昭和61)年12月から営業を開始し、JR化後に七尾線が電化されると団体臨時列車用となった。1995(平成7)年の引退まで車体に登場時の塗色をまとっていた。

1986(昭和61)年10月　芸備線 備後落合駅

ふれあいパル　キロ59形 キロ29形

側面の3色ストライプがまぶしい

広島鉄道管理局では大人数の団体旅客向けの臨時列車用として定員272人の12系和式客車「旅路」6両、定員318人の20系くつろぎ客車「ホリデーパル」7両（運転には電源車が必要）を使用していた。一方で少人数の団体旅客向けの車両も求められ、キハ58系急行形気動車2両をもとに定員72人の洋風気動車「ふれあいパル」に改造し、1986(昭和61)年4月から営業に充当する。2両の客室はともに床にはカーペットが敷かれ、ここに座椅子を置いて掘りごたつでくつろぐ旅のスタイルが提案された。前面にあった貫通扉とその左隣の窓が撤去され、代わりに展望用の大型の窓ガラス1枚が装着されている。塗色は白色を基調とし、前面は窓下に上から黄緑、ピンク、青の3色の帯が入れられた。側面は黄緑、ピンク、青の順に窓上右から窓下左に向けて3色のストライプが描かれている。JR化後も色は変わらず、2007(平成19)年まで健在であった。

1988(昭和63)年5月　鹿児島本線 二日市～原田間

ふれあいSUN-IN　キロ59形 キロ29形

「SUN」「IN」の色で車両の向きがわかる

米子管理局の要望が通り、1986(昭和61)年4月に和式気動車「ふれあいSUN-IN」3両がデビューにこぎ着ける。同管理局初の和式車両の客室は、3両編成の両端に連結されるキロ59形500番台は全面が畳敷きの和室、中間のキロ29形500番台は車両の前端部、後端部は和室、中央部はソファーを備えた洋間となった。塗色は前面、側面ともクリーム色の地で、側面には屋根との境から窓下の裾部付近まで「SUN」そして少し離れて「IN」と巨大なアルファベットの文字が描かれている。文字の色は山陰本線を走行中に日本海向きとなる側では青色、同じく中国山地向きとなる側では赤色に塗られた。側面のどちら側が青色か赤色かは、中央の貫通扉を境に左右の窓の下に入れられた2本の帯の色が変えられたので正面からでもよくわかる。そのほか、前面、側面の裾部には緑色の帯が引かれた。JR化後も塗色はほぼ不変で、2008(平成20)年までに姿を消している。

1986(昭和61)年1月　熊本機関区

サウンドエクスプレスひのくに　キハ58形・キハ28形 キハ65形

車両名と関連はないがスマートなデザイン

熊本鉄道管理局が、キハ58形3両、キハ28形1両、キハ65形1両の計4両の急行形気動車を改造し、1986(昭和61)年4月に団体専用列車用として投入した車両。客室はボックスシートからグリーン車用の回転リクライニング腰掛へと交換されただけのためか、キハ58 700・701、キハ28 2485、キハ65 61の4両とも車番は変更されていない。愛称の「サウンド」とは、当時最先端だったレーザーディスク方式のカラオケ装置にちなんでおり、和式客車「江戸」(p198)と共に、国鉄としては映像付きカラオケ装置が採用された最初期の車両だ。なお、「江戸」のカラオケ装置は後にレーザーディスクとの規格競争に敗れるVHD方式だ。塗色はクリーム色を基調とし、緑色の帯が前面に1本、側面に3本入れられた。JR化後も塗色は変更されずに団体専用列車や定期急行列車に使用された後、1994(平成6)年には一般用へ改造され、2005(平成17)年までに廃車となっている。

1988(昭和63)年2月　三鷹電車区

パノラマエクスプレスアルプス　165系

帯が屋根へと昇り、「西」の字を表現

1987(昭和62)年3月に東京西鉄道管理局から登場した国鉄初の展望電車で、急行形直流電車の165系6両から改造された。最大の特徴は編成両端の先頭車の形状で、名古屋鉄道や小田急電鉄の一部の特急電車のように運転室を客室の上に設け、空いた先頭部分を展望室とした形状をもつ。客室は基本的にハイデッカー構造とした床の上にグリーン車と同じ回転リクライニング腰掛が並べられ、編成両端の車両には加えて展望室やソファーやカウンターを設けたラウンジが、2両目・5両目の車両でパンタグラフの下には6人個室がそれぞれ用意された。塗色はクリーム色10号の地に、サンシャインイエローにサミットオレンジの2色の帯を窓下にあしらい、展望室後部で帯が「西」の字を描くように屋根へと昇る。JR化後も同じ塗色で2001(平成13)年まで走り、その後富士急行に譲渡され、2016(平成28)年まで活躍した。

1987(昭和62)年3月　大宮駅

スーパーエクスプレスレインボー　14系 12系700番台

車両名に反して車体外部色は2色

国鉄の分割民営化直前の1987(昭和62)年3月にデビューした欧風客車だ。東京北鉄道管理局が企画したこの欧風客車は、14系特急形座席客車6両、12系急行形客車1両の計7両から改造されている。編成両端の2両はソファーを備えた展望室に2列+1列のグリーン車、2・6号車は同仕様のグリーン車、3・5号車は6人用個室と3人用個室とから成るコンパートメントカーだ。4号車はステージが設けられたイベント車で、12系からの改造車である。塗色は白(スーパーホワイト)と赤(チェリーレッド)のツートンカラーで、赤色の面積は中間の編成両端の車両から編成の中央に向かって増え、4号車は赤一色である。赤一色に形式名が大きく記された牽引用の電気機関車も準備されたが、いずれにせよ塗色は車両名に反して7色ではない。JR化後も首都圏の団体・ツアー専用列車として人気の車両で塗色も変わらなかったが、2000(平成12)年に引退した。

1987(昭和62)年1月　福島客貨車区

オリエントサルーン　12系800番台

金色の帯とシンボルマークが上品さを演出

仙台鉄道管理局が、12系急行形客車6両を改造し、1987(昭和62)年2月から営業を開始した和風客車だ。編成の両端は展望室を備えた展望車、3号車はステージを備えたイベント車、残る3両はカーペット敷きのいわば和洋室を備えた車両である。この「オリエントサルーン」をはじめとする1980年代後半に登場した和風客車は、従来のお座敷列車から進化し、展望室やフリースペースとなるイベント車などを備えている点が特徴だ。また、カーペット敷きや掘りごたつ調の客室が増えるなど、この時代、人々の嗜好も変化したことがよくわかる。塗色はマルーンに窓上、窓下、裾部の金色の帯とシンプルながら上品な印象を人々に与え、また王冠に2頭のペガサスをあしらったシンボルマークも描かれるなど、手の込んだデザインを備える。牽引するED75形交流電気機関車も同じ塗色に変更され、JR化後も姿を変えぬまま、2000(平成12)年まで健在であった。

1988(昭和63)年２月　新潟駅

サロンエクスプレスアルカディア　キロ59形500番台 キロ29形500番台

新潟色をアレンジして専用の塗色が完成

新潟鉄道管理局が企画し1987(昭和62)年３月に登場した欧風気動車だ。急行形気動車のキハ58形２両、キハ28形１両から改造されて３両編成を組む。編成両端のキロ59形500番台の先頭部分は「アルファコンチネンタルエクスプルス」(p195)や「ゆぅトピア」(p199)と同一の形状をもつ展望室で、後位はグリーン車となっている。中間のキロ29形500番台はソファーを備えたラウンジカーだ。塗色は新潟にちなんで新潟色(p163)と同じ色が選ばれ、白をベースとして前面と展望室側面については窓回りが赤色、窓下が青色。展望室以外の側面は窓回りが青色、裾部が赤色であった。JR化後の1988(昭和63)年３月30日に火災事故を起こし、キロ59形１両が廃車される。残り２両はJR東日本盛岡支社に転属し、新たに改造されたキハ58形を加えて団体専用列車用の「Kenji」として再生される。その後は無事に活躍を続け、2018(平成30)年に姿を消した。

1987(昭和62)年３月　鹿児島運転所

ゆ～とぴあ　キハ58形・キハ28形

朱色、赤色２色の窓回りが印象的

国鉄の分割民営化直前の1987(昭和62)年３月には、各地で新型車両やジョイフルトレインが次々に登場した。特に３島会社ではJR化後の経営体力が不安視されたため、国鉄時代のうちに車両を製造してしまおうともくろまれる。九州地区で同月にデビューを果たした洋風・和風気動車「ゆ～とぴあ」もその一つだ。キハ58形、キハ28形が共に１両ずつで２両編成を組む「ゆ～とぴあ」は、1983(昭和58)年から翌年にかけて改造された洋風気動車「らくだ号」から再改造された車両である。客室はキハ58形がソファーを備えたラウンジタイプの客室で、キハ28形が畳敷きの和室だ。キハ58形、キハ28形とも前面は貫通扉とその左隣の窓が１枚の大型窓ガラスに置き換えられており、「ふれあいパル」(p200)と同じ顔をもつ。塗色は白色の地に前面は窓回りが黒、窓下に赤色と朱色との帯、側面は窓回りが朱色で端部に赤色が大きくあしらわれている。JR化後の1994(平成6)年までに２両とも姿を消した。

寝台客車色の貨車を連結した「カートレイン」

国鉄末期、鉄道貨物輸送がコンテナ輸送中心に転換し、大量の貨車が余剰となっていた。そこで、モータリゼーションの進展にも対応する形で、1985（昭和60）年7月27日に汐留（廃止）〜東小倉間で運行を開始した列車が「カートレイン」だ。20系寝台客車の開放型寝台車ナロネ21を3両と電源車カヤ21形、そして100km/h運転に対応した有蓋車・ワキ10000形（p188）を7両連結した列車で、自家用車と乗客を同時に輸送する列車として登場した。ワキ10000形は、乗用車を固定するパレットを1両あたり3台積載できるよう改造され、車体が20系と同じ青15号に塗装された。もっとも、扉枠と扉板はアルミ合金を使用しているため塗装されておらず、シルバーのイメージの方が強かった。

「カートレイン」は、長距離を運転する必要がなく、フェリーよりも速く移動できると人気を集め、多客時には指定券の入手が困難となるほどだった。しかし、既存の有蓋貨車を流用したため、積載できる乗用車のサイズに制限が大きく、大型の車両は輸送できなかった。また、安全上の問題から燃料を最小限にしなくてはならなかったほか、乗用車の積み卸しに使用するフォークリフトの台数が限られ、積み卸し作業が全体で2時間近くかかるといった問題があった。

JR発足後に北海道方面などにも運行された「カートレイン」だったが、高速道路網の整備や、車内販売や食堂車がないことなどが制約となり、1999（平成11）年までにすべて廃止された。

1988（昭和63）年頃　恵比寿駅

無塗装車

車体の塗装には錆を防ぐ役割があったが、
錆びにくいステンレス鋼の車両が登場すると、無塗装の車両が増加した。
多くは飾り帯として色帯を巻くなどして、個性を表現した。

1977(昭和52)年7月　山陽本線 下関駅

1984(昭和59)年5月　常磐線 新松戸駅

EF30形　海水に耐えた関門トンネル専用機

本州と九州とをつなぐ海底トンネル、関門トンネルを走る専用機として1960(昭和35)年から1968(昭和43)年にかけて、22両が製造された電気機関車だ。門司駅構内に直流1500Vと交流2万V60Hzとを切り替える交直デッドセクションがあるため、車上で直流と交流とを切り替えられる世界初の量産型交直流電気機関車として誕生。関門トンネル内の22‰勾配において、重連によって1200t貨物列車の牽引ができる性能を有した。営業運転は幡生操車場・下関～門司・門司操車場間に限定され、旅客列車は単機にて、貨物列車は重連にて運用された。

EF30形は、腐食に強いステンレス製の車体を採用し、無塗装である。関門トンネルには、絶えず海底から海水が染み出ており、通常の鉄は塩害によって錆びてしまうからだ。写真は、後継機となるEF81形300番台(右)と並んだところ。EF81形は、この300番台のみステンレス製で、EF30形と同様、ステンレス地を見せていた。

203系　贅沢な仕様を備えた地下鉄直通車両

■青緑1号
マンセル値：2BG 5/8
RGB：R0 G141 B121
CMYK：C82 M31 Y60 K0

営団地下鉄（現・東京メトロ）千代田線と相互乗り入れを行う常磐線緩行用に製造された、アルミ合金製の10両固定編成車両だ。1982(昭和57)年に0番台がデビューし、1985(昭和60)年からはボルスタレス台車を装備した100番台が投入された。制御装置は201系と同じ電機子チョッパ制御を採用、従来、冷房車両の導入に慎重だった営団地下鉄乗り入れ用の車両としては初めて冷房装置を搭載したことから人気を博した。209系1000番台、さらにはE233系2000番台が登場したことから2011(平成23)9月26日をもって営業運転を終了、一部はインドネシアやフィリピンに渡って第二の人生を過ごしている。

1987(昭和62)年4月　山手線 田町駅

205系（山手線）国電のイメージを再び変えた

1985(昭和60)年3月に、103系に代わる山手線用電車としてデビューした通勤型車両。量産先行車は上段下降・下段上昇の2段窓だったが、同年後半に投入された量産車は下降式1枚窓に変更されている。制御装置は電機子チョッパ制御から、より低コストの界磁添加励磁制御に変わったほか、車体がステンレス合金製の無塗装車となったことがポイントだ。帯色は103系時代の山手線の路線カラーであるうぐいす色(黄緑6号)を踏襲した。JR発足後も増備が続き、横浜線や埼京線、京葉線などにて活躍したが、後継車両の登場に伴い山手線からは2005(平成17)年4月17日をもって撤退した。

■黄緑6号
マンセル値：7.5GY 6.5/7.8
RGB：R142 G184 B113
CMYK：C51 M8 Y73 K2

1986(昭和61)年11月　東海道本線 塚本駅

205系（東海道・山陽本線）今も奈良線で活躍を続ける

205系は、首都圏の山手線に続き関西地区にも1986(昭和61)年に7両編成4本28両が増備され、東海道・山陽本線緩行線にて活躍を開始した。同線の103系がスカイブルー(青22号)であったため、青は踏襲されたものの、帯色は青24号に変更された。1988(昭和63)年には、JR西日本により前面窓のレイアウトなどが変更された1000番台が製造され、4両編成5本20両が阪和線に投入された。0番台はその後一時阪和線に転出し、2010(平成22)年に東海道へ復帰後、濃紺とオレンジに変更された。2013(平成25)年に再び阪和線に転属すると青帯が復活し、2017(平成29)年に奈良線転出後も同色を維持している。

■青24号
マンセル値：(不明)
RGB：R0 G178 B229
CMYK：C72 M14 Y9 K0

1987(昭和62)年10月　常磐線 亀有駅

207系　国鉄時代唯一のVVVFインバータ車

国鉄初の、そして最後のVVVFインバータ制御車として開発された車両で、JR発足を5カ月後に控えた1986(昭和61)年11月に常磐線緩行電車に試作編成1本(10両編成)が投入された。車体は205系と同じ軽量ステンレス製で、帯色はエメラルドグリーン(青緑1号)である。

■青緑1号
マンセル値：2BG 5/8
RGB：R0 G141 B121
CMYK：C82 M31 Y60 K0

VVVFインバータ制御とは、直流電流を交流電流に変換するインバータを使って、交流電動機の回転数と速度を制御する優れた方式だが、207系の開発当時は高価で、量産化は見送られた。たった1本の207系はJR承継後も活躍したが、2010(平成22)年1月に引退した。なお、JR西日本の207系は全く別の機器を搭載した車両である。

1987(昭和62)年　東北本線 白岡～新白岡間

211系　新・湘南色として定着

1985(昭和60)年12月、113系・115系近郊形電車の後継車両としてデビューした車両で、車体は205系と同じ軽量ステンレス製、客用扉は113系・115系と同じ片側3扉である。帯色として113系・115系からの継続となる湘南色(p10)を採用。緑は湘南色本来の緑2号よりも明るい緑15号となった。窓下に2色の帯を、窓上部に黄かん色の帯を配置し、窓下の帯はFRP成型品の白いマスクを施した前頭部にまで伸びている。0番台はセミクロスシート車で、ロングシート仕様の2000番台と共に東海道本線の首都圏・中京地区に投入された。1000番台(セミクロスシート)と3000番台(ロングシート)は寒冷地仕様で押しボタン式の半自動扉装置を装備。

■緑15号
マンセル値：不明
RGB：R46 G139 B87
CMYK：C80 M33 Y81 K0

■黄かん色
マンセル値：4YR 5.5/11
RGB：R202 G112 B39
CMYK：C27 M66 Y93 K0

1987(昭和62)年4月　岡山駅

1986(昭和61)年12月　高松運転所

213系　瀬戸大橋を駆け抜け今も現役

瀬戸大橋線開業を翌年に控えた1987(昭和62)年3月、「備讃ライナー」としてデビューした車両。国鉄が最後に開発した新系列車両である。軽量ステンレス車体で、前頭部にホワイトマスクのFRP成型品を使用するなど211系に準じたデザインだが、客用扉数は片側2扉で、座席は転換クロスシートを採用。基本編成はクモハ213＋サハ213＋クハ212で、1M2Tの3両編成だ。帯色は瀬戸内海の海と空を連想する2色の青を採用した。2003(平成25)年に後継のJR西日本223系5000番台及びJR四国5000系が登場したため、サハ213の一部を先頭車改造し、現在も同じ帯色で岡山地区を走っている。

■青23号
マンセル値：不明
RGB：R0 G79 B138
CMYK：C95 M74 Y27 K0

■青26号
マンセル値：不明
RGB：R0 G167 B216
CMYK：C75 M20 Y12 K0

121系　四国唯一の「国電」

1987(昭和62)年3月23日、予讃線高松〜坂出間、多度津〜観音寺間電化開業とともに営業運転を開始した車両。四国における最初で最後の国電となった。車体は軽量ステンレス製で、帯色は後に京葉線も採用する赤14号にて登場。片側3扉の客用扉にセミクロスシートを採用、クモハ121＋クハ120の2両編成で38両が製造された。

1987年秋、帯色をJR四国のコーポレートカラーである青26号に変更。直流直巻モーターのMT55Aや101系から転用のDT21T台車などを使用してきたが、2016(平成28)年からVVVFインバータ制御化などの機器更新を実施し、7200系に形式名が変更された。

■赤14号
マンセル値：不明
RGB：R201 G36 B47
CMYK：C27 M97 Y86 K0

1987(昭和62)年　常磐線 内原〜赤塚間

415系1500番台 常磐色 ステンレス車体でイメージ一新

1971(昭和46)年にデビューした交直流近郊形電車の415系のうち、1986(昭和61)年2月から常磐線に増備された1500番台は、211系と同様の軽量ステンレス製車体を採用、先頭部にFRP成型品が使用された。

■青20号
マンセル値：4.5PB 2.5/7.8
RGB：R12 G63 B113
CMYK：C98 M84 Y40 K4

一方主要機器は主電動機にMT54D、制御装置はCS12Gと、実績のある機器を搭載している。帯色は、従来の常磐線色(p148)の帯色と同じ青20号である。客室は500番台と同じロングシートだったが、700番台と同様のセミクロスシート車であるサハ411-1701が1両だけ在籍し、異端車となっている。JR東日本発足後も増備が続いたが、2016(平成28)年3月改正をもって定期運行を終了した。

1992(平成4)年4月　鹿児島本線 天拝山〜原田間

415系1500番台 九州色 関門トンネルを通る唯一の通勤車

九州地区の415系1500番台は、1986(昭和61)年度に13編成52両が投入された。帯色は常磐線と同じ青系であるが、より明るい青25号を採用し、趣が異なる。415系鋼製車の九州色(p165)が採用した青23号とも違う点が興味深い。これら13編成は、JR東日本から転籍となった1編成とともに2021年1月現在も全車が現役で、南福岡車両区と大分車両センターに配置されている。最近では冷房装置がJR西日本のWAU75に準拠したノンフロン仕様の新型に変更された。2021(令和3)年1月現在、JR九州唯一の交直流近郊形電車であり、交直デッドセクションを経て関門トンネル経由で山陽本線へ直通できる貴重な戦力だ。

■青25号
マンセル値：(不明)
RGB：R0 G178 B229
CMYK：C72 M14 Y9 K0

1987(昭和62)年3月　日豊本線 大分駅

1986(昭和61)年11月　予讃線 讃岐塩屋～多度津間(撮影：井上廣和)

キハ31形　国鉄の置き土産となった気動車

■青23号
マンセル値：(不明)
RGB：R0 G79 B138
CMYK：C95 M74 Y27 K0

1987(昭和62)年2月に投入された気動車で、老朽化した車両を置き換えることで、JR九州の経営基盤安定化を図った車両である。軽量ステンレス製車体で、主要機器の一部に廃車発生品を使用するなど、コストダウンが図られた。車体長は17.25mと短く、車体高も3.62mに抑えられている。客用扉はワンマン運転を考慮した設計で、運転台に接して片側2カ所の折り戸となっている。座席は新幹線0系からの廃車発生品を改造した転換式シートを2+1列として左右に配置。サブエンジンを内蔵したバス用クーラーを設置して、夏季対策も万全であった。帯色は九州色(p165)と同様の青23号を窓下と窓上に配置。2019(令和元)年に全車廃車、消滅した。

キハ185系　国鉄唯一の特急形ステンレス車

■緑14号
マンセル値：10GY 3.53/6.7
RGB：R43 G95 B50
CMYK：C84 M52 Y98 K18

1986(昭和61)年11月改正にて四国地区でデビューした国鉄初の軽量ステンレス車体を備えた特急形気動車。それまでの特急形気動車が、必ず冷房用の電源装置を搭載した車両を連結していたのに対し、キハ185系は駆動用エンジンから直結して電源を得る、バスに多く採用されている方式を採用したことが特徴だ。帯色は緑14号だったが、JR承継後すぐにJR四国のコーポレートカラー青26号に変更された。車両形式はトイレ設備のあるキハ185形0番台、設備のない1000番台と中間車は半室グリーン車のキロハ186形の3形式である。1992(平成4)年度に20両がJR九州に譲渡され、JR九州カラーとなって活躍を続けている。

1987(昭和62)年1月　富士重工業

キハ54形0番台　四国で活躍を続けるロングシート車

国鉄末期の1987(昭和62)年にデビューした気動車で、キハ40形と同じ21.3mの大型車体を有していた。ワンマン運転を考慮した設計で、客用扉は運転席に接する形で折り戸を片側各2カ所に配置。客室いっぱいの長さにロングシートがずらりと並ぶ様は壮観だった。車体は軽量ステンレス製で、ステンレス地に黄かん色の斜めストライプが特徴であった。しかしながら、この車両もJR四国に承継後は、コーポレートカラーである青26号に変更されている。現在も同カラーにて予土線・予讃線松山〜宇和島間・内子線で運用されている。予土線用のトロッコ列車「しまんトロッコ」用のキハ54 4は黄1色となった。

■黄かん色
マンセル値：4YR 5.5/11
RGB：R202 G112 B39
CMYK：C27 M66 Y93 K0

1987(昭和62)年3月　旭川機関区

キハ54形500番台　急行用も存在した北海道用気動車

1987(昭和62)年に北海道に配属された気動車で、寒冷地対策が施された。運転室に接して客用扉が片側2カ所設置され、客室とドア部は分離されたデッキ構造となっている。急行仕様の車両には、座席に東海道新幹線0系からの廃車発生品である転換クロスシートを装備。一般車はバケット型のセミクロスシートだったが、後にキハ183系からの発生品である簡易リクライニングシートに交換された。客用窓は、北海道ではおなじみの二重窓が採用されたが、JR北海道発足後に投入された車両は固定窓が基本で、「国鉄遺産」として認定したい車両である。軽量ステンレス製で、帯色は赤1号。冷房装置は装備されていない。

■赤1号
マンセル値：6R 3.8/13
RGB：R175 G40 B48
CMYK：C38 M97 Y88 K4

国鉄色一覧・インデックス

国鉄色インデックス

このページでは、主に「国鉄車両関係色見本帳」1983年版を基に、本書で紹介している国鉄色と、関連する国鉄色をまとめた。各色が、本書の何ページに掲載されているか、どの配色に使用されているかがひと目で分かる。国鉄色は、マンセル記号の色相順に番号が与えられているが、本書では書籍としての検索性を高めるため、暖色系→寒色系→無彩色の順で便宜的に並べてある。なお、色名の後ろに「*」がある色は、「国鉄車両関係色見本帳」1983年版に掲載されていない色で、一部はマンセル値が不明となっている。また、RGBとCMYKの値はいずれも擬似的なもので、完全に同じ色にはならない。

例

色見本（近似色）　国鉄色名　マンセル値

色	色　名	値	掲載ページ・その他用途
	赤1号 （赤）	6R 3.8/13 R175 G40 B48 ／ C38 M97 Y88 K4	p156 するがシャトル色、p159 近郊形交流電車新塗色、 p168 キハ32形色、p212 キハ54形 500 番台

国鉄内での慣用色名　RGB・CMYKの値　本書における掲載ページ
掲載例がない場合は主な用途

色	色　名	値	掲載ページ・その他用途
	赤1号 （赤）	6R 3.8/13 R175 G40 B48 ／ C38 M97 Y88 K4	p156 するがシャトル色、p159 近郊形交流電車新塗色、 p168 キハ32形色、p212 キハ54形 500 番台
	赤2号 （えんじ／ワインレッド）	4.5R 3.1/8.5 R132 G46 B54 ／ C50 M92 Y77 K20	p28 特急色、p62 交流電気機関車色、p 103 旧新潟色、 p116 近郊形交流電車旧塗色、p134 50系色、p143 身延線色、 p158 旧北陸色

色	色　名	値	掲載ページ・その他用途
	赤３号 （赤茶色）	7.5R 3.5/5 R123 G71 B65 ／ C55 M77 Y72 K19	p184 コンテナ車色
	赤７号 （マルーン）	5.5R 2.5/3.3 R87 G54 B55 ／ C65 M79 Y71 K37	p193 サロンエクスプレス東京、p194 こまち
	赤 11 号 （スカーレット）	7.5R 4.3/13.5 R191 G55 B45 ／ C31 M91 Y90 K1	p72 急行形気動車色、p146 EF67形色、p152 キハ37形色
	赤 13 号 （小豆色／ローズピンク）	3.5R 3.8/6 R136 G74 B77 ／ C53 M79 Y65 K12	p60 交直流電気機関車色、p80 急行形交直流電車色、 p82 近郊形交直流電車色
	赤 14 号*	— R201 G36 B47 ／ C27 M97 Y86 K0	p209 121系
	朱色１号 （オレンジバーミリオン）	0.5YR 5.3/8.8 R193 G106 B73 ／ C31 M69 Y73 K0	p22 オレンジバーミリオン
	朱色３号 （朱色）	8.5R 5/15 R218 G72 B40 ／ C18 M85 Y88 K0	p76 修学旅行色、p129 関西線快速色、 p157 奈良線・和歌山線色、p189 車運車色
	朱色４号 （金赤色）	9R 4.3/11.5 R179 G69 B44 ／ C37 M86 Y93 K2	p50 一般形気動車色、p88 ディーゼル機関車色
	朱色５号 （柿色）	8.3R 5/11.1 R200 G88 B65 ／ C27 M78 Y76 K0	p130 首都圏色

色	色　名	値	掲載ページ・その他用途
	ぶどう色2号 （ぶどう色）	2.5YR 2/2 R66 G48 B43 ／ C70 M76 Y77 K47	p40 ぶどう色、p136 新快速色、p172 旧型国電警戒色
	ぶどう色3号*	7.5R 2/6 R87 G36 B38 ／ C60 M88 Y80 K45	p175 関西急電色
	とび色2号 （とび色）	3.5YR 3.8/3.5 R119 G84 B68 ／ C57 M69 Y73 K17	p188 とび色
	黄1号 （黄色）	2.5Y 8/13.3 R253 G193 B0 ／ C4 M31 Y90 K0	p21 青大将色、p190 操重車色
	黄4号 （薄黄色）	4.5Y 8.3/6.8 R233 G208 B115 ／ C14 M20 Y62 K0	（食堂車の椅子）
	黄5号 （マリーゴールドイエロー）	2.5Y 7.5/8.8 R225 G181 B74 ／ C17 M33 Y77 K0	p58 試験車色、p71 カナリアイエロー、p76 修学旅行色、p98 新幹線ディーゼル機関車色、p103 旧新潟色、p104 新幹線事業用車色、p114 東西線色、p142 福塩線色、p146 EF67形色、p166 福知山線色、p172 旧型国電警戒色
	黄6号 （薄卵色）	5Y 9/4.7 R245 G229 B158 ／ C8 M11 Y46 K0	p193 サロンエクスプレス東京

色	色　名	値	掲載ページ・その他用途
	クリーム色1号 （薄茶黄）	1.5Y 7.8/3.3 R214 G193 B153 ／ C21 M26 Y43 K0	p16 スカ色、p49 寝台客車色、p68 寝台特急列車牽引機色、p72 急行形気動車色、p108 新性能直流電気機関車色、p118 寝台電車色、p136 新快速色、p144 瀬戸内色、p150 713系オリジナル色、p153 筑肥線色、p157 奈良線・和歌山線色、p159 近郊形交流電車新塗色、p166 相模線色
	クリーム色3号*	7.5YR 7.3/7 R228 G171 B108 ／ C14 M40 Y60 K0	p175 関西急電色
	クリーム色4号 （小麦色）	9YR 7.3/4 R208 G176 B137 ／ C23 M34 Y48 K0	p28 特急色、p50 一般形気動車色、p80 急行形交直流電車色、p82 近郊形交直流電車色、p116 近郊形交流電車旧塗色、p189 穀物類用貨車色
	クリーム色9号 （アイボリー）	2.5Y 7.8/1.5 R203 G194 B174 ／ C25 M23 Y32 K0	（特急・急行形車両などの客室内張り）
	クリーム色10号 （アイボリーホワイト）	1.5Y 9/1.3 R252 G242 B224 ／ C2 M6 Y14 K0	p100 新幹線0系色、p120 急行形客車色、p126 ニューブルートレイン色、p138 新幹線200系色、p140 185系色、p143 身延線色、p148 常磐線色、p154 白樺色、p156 するがシャトル色、p158 旧北陸色、p160 仙台色、p164 長野色、p164 長野かもしか色、p165 烏山色、p165 九州色、p168 キハ32形色

色	色　名	値	掲載ページ・その他用途
	クリーム色12号 （クリームホワイト）	5.4Y 9/0.87 R232 G228 B214 ／ C12 M10 Y17 K0	（一般形気動車などの天井）
	黄かん色 （みかん色）	4YR 5.5/11 R202 G112 B39 ／ C27 M66 Y93 K0	p10 湘南色、p168 キハ32形色、p208 211系、 p212 キハ54形0番台
	黄かっ色1号 （黄かっ色）	8.5YR 5.5/5.5 R168 G127 B79 ／ C42 M54 Y74 K0	（潤滑油・作動油［低圧］配管）
	淡緑1号 （薄緑色）	10GY 7/1.8 R161 G178 B158 ／ C43 M24 Y40 K0	（気動車、近代化改装後の客車、近郊・通勤形電車などの客室内張り）
	淡緑3号 （ミストグリーン）	1.5G 6/2.5 R128 G154 B132 ／ C57 M33 Y51 K0	（機関車・電車・気動車の運転室内張ほか）
	淡緑5号*	0.5G 4.3/2.8 R87 G110 B88 ／ C72 M52 Y70 K8	p21 青大将色
	淡緑6号 （若葉色）	10GY 7.3/4 R155 G191 B149 ／ C46 M15 Y49 K0	（2等客車の飾り帯）
	淡緑7号 （シルバーグリーン）	2.5GY 7.5/1 R187 G188 B172 ／ C32 M23 Y33 K0	（20系B寝台・座席車の内張りほか）
	黄緑6号 （萌黄色）	7.5GY 6.5/7.8 R142 G184 B113 ／ C51 M8 Y73 K2	p92 うぐいす色、p186 コンテナ色、 p188 高速有蓋車色、p207 205系山手線

色	色　名	値	掲載ページ・その他用途
	黄緑7号 （黄緑色）	9GY 6.6/10.5 R99 G182 B73／C64 M8 Y88 K0	（グリーン車のマーク）
	緑2号 （ダークグリーン）	10GY 3/3.5 R55 G79 B56／C80 M60 Y83 K30	p10 湘南色
	緑14号 （モスグリーン）	10GY 3.53/6.7 R43 G95 B50／C84 M52 Y98 K18	p138 新幹線200系色、p140 185系色、p150 713系オリジナル色、p154 白樺色、p160 仙台色、p164 長野色、p164 長野かもしか色、p165 烏山色、p211 キハ185系
	緑15号 ★	— R46 G139 B87／C80 M33 Y81 K0	p208 211系
	灰緑色2号 （灰緑色）	10G 5.5/2 R115 G140 B131／C62 M40 Y49 K0	（電気機関車・ディーゼル機関車の機械室内機器類など）
	灰緑色3号 （スレートグリーン）	1BG 3.8/2.8 R67 G98 B91／C79 M57 Y64 K12	（機関車・電車・気動車の運転室機器類など）
	青緑1号 （青緑色）	2BG 5/8 R0 G141 B121／C82 M31 Y60 K0	p115 エメラルドグリーン、p125 千代田線色、 p206 203系、p208 207系
	青緑6号 （鉄色）	4.2BG 1.9/3.4 R21 G55 B54／C90 M70 Y73 K44	p193 サロンカーなにわ

色	色　名	値	掲載ページ・その他用途
	青9号 （そら色）	2PB 5/6 R86 G125 B161 ／ C72 M48 Y27 K0	（水配管）
	青15号 （インクブルー）	2.5PB 2.5/4.8 R36 G64 B93 ／ C92 M79 Y51 K16	p16 スカ色、p49 寝台客車色、p58 試験車色、p68 寝台特急列車牽引機色、p98 新幹線ディーゼル機関車色、p104 新幹線事業用車色、p106 近代化改造旧型客車色、p108 新性能直流電気機関車色、p118 寝台電車色、p184 特急コンテナ車色、p185 改良冷蔵車色、p186 ガソリン石油類タンク車色
	青19号 （スレートブルー）	8.8B 4.2/3.6 R76 G106 B124 ／ C77 M57 Y45 K2	（185系を除く電車グリーン車・105系・781系床敷物）
	青20号 （ブライトブルー）	4.5PB 2.5/7.8 R12 G63 B113 ／ C98 M84 Y40 K4	p100 新幹線0系色、p120 急行形客車色、p126 ニューブルートレイン色、p142 福塩線色、p144 瀬戸内色、p148 常磐線色、p155 12系普通客車色、p161 ニュー新幹線色、p166 相模線色、p166 福知山線色、p168 可部線色、p210 415系1500番台常磐色
	青22号 （みず色）	3.2B 5/8 R0 G138 B162 ／ C81 M36 Y34 K0	p112 スカイブルー、p145 飯田線色、p153 筑肥線色、p186 コンテナ色
	青23号 *	― R0 G79 B138 ／ C95 M74 Y27 K0	p165 九州色、p209 213系、p211 キハ31形

色	色　名	値	掲載ページ・その他用途
	青24号*	ー R0 G178 B229 ／ C72 M14 Y9 K0	p207 205系東海道・山陽本線、 p210 415系1500番台九州色
	青26号*	ー R0 G167 B216 ／ C75 M20 Y12 K0	p209 213系
	薄茶色4号 （サンドベージュ）	8.5YR 6.8/2 R183 G165 B146 ／ C34 M36 Y42 K0	(485系以前の電車・気動車・客車のグリーン車客室内張りなど）
	薄茶色5号 （肌色）	2YR 6.8/6 R217 G154 B124 ／ C19 M48 Y49 K0	（電気系配管）
	薄茶色6号 （茶ねずみ色）	5YR 6.8/1 R177 G166 B159 ／ C36 M35 Y34 K0	(485系以前の特急形電車、キハ181系以前の特急形気動車、急行形電車・気動車などの普通車客室内張りほか）
	薄茶色13号 （薄茶色）	9YR 8/1.4 R211 G199 B184 ／ C21 M22 Y27 K0	（オロネ25個室天井）
	薄茶色14号 （白茶色）	10YR 8.5/1.2 R223 G213 B198 ／ C16 M17 Y23 K0	（オロネ25廊下天井・内張り）
	薄茶色15号 （ココアブラウン）	6.3YR 4.2/2.7 R122 G97 B79 ／ C58 M63 Y69 K11	(119系・201系・203系・185系・713系などの床敷物）
	薄茶色17号 （ベージュ）	8.6YR 6/3.7 R172 G142 B110 ／ C40 M47 Y58 K0	（新幹線普通車ひじ掛け部ほか）

色	色　名	値	掲載ページ・その他用途
	黒	N1.5 R34 G34 B34 ／ C63 M52 Y51 K75	p170 蒸気機関車色、p178 貨車色
	ねずみ色１号 （ねずみ色）	N5 R120 G120 B120 ／ C51 M39 Y38 K21	p88 ディーゼル機関車色、p187 高圧液化ガスタンク車色
	灰色１号 （灰色）	N6 R145 G145 B145 ／ C50 M41 Y39 K0	（一部車両を除く座席骨組、放熱管・弁きせなど）
	灰色８号 （シルバーグレー）	N7 R170 G170 B170 ／ C36 M26 Y26 K5	p114 東西線色、p125 千代田線色
	灰色９号 （パールホワイト）	N8 R205 G205 B205 ／ C23 M15 Y15 K1	p122 初期新快速色、p129 関西線快速色、p145 飯田線色
	灰色 16 号 （フロスティホワイト）	N8.5 R220 G220 B220 ／ C16 M11 Y11 K0	（新幹線天井）
	白	N9.2 R248 G248 B248 ／ C3 M2 Y2 K0	p161 ニュー新幹線色、p168 可部線色、 p185 冷蔵車色、p185 改良冷蔵車色

おわりに

国鉄は車体の外部色を定める際、快適の原理と安全の原理とを重視した。美しい色は快適だし、高速で接近する列車により早く気づくには明るく目立つ色の選択は欠かせない。

今日、ＪＲ各社の列車の大多数は日中でも前部標識灯を点灯させ、車体の外部色で安全を確保する意味合いは薄れつつある。制約が減ったうえに塗料の進化もあり、今日の車体の外部色のほうが国鉄色よりも圧倒的に美しい。けれども、時折実用一点張りの国鉄色が懐かしくなる。無骨ながらも多くの人々を引きつける国鉄色の世界を本書を通して体験していただければ著者一同誠に嬉しい。

梅原　淳

『最後の国鉄電車ガイドブック』の好評を受け、第二弾として国鉄色をテーマにした書籍をお届けします。今回も、広田尚敬さんのバラエティ豊かな写真と、坂正博さん及び梅原淳さんの豊富な知識によって、素晴らしい資料になりました。

「色」は、見る環境や紙質などによって印象が大きく変わり、正確な色を誌面に再現することは容易ではありません。今回、船舶や鉄道など幅広い分野で執筆活動をされている林淳一さんのご協力で、「国鉄車両関係色見本帳1983年版」による正確な検証を行うことができました。心から御礼申し上げます。

栗原　景

広田尚敬（ひろた なおたか）

1935年、東京都生まれ。１歳からの鉄道少年。プロ写真家は24歳から。以来好きな鉄道を撮影し、2021年2月現在、85歳を迎えてもバリバリの現役。取り組む態度と人柄から「鉄道写真の神様」といわれ、信仰者多数。著書150冊以上。

坂 正博（さか まさひろ）

1949年、兵庫県生まれ。1978年『国鉄電車編成表』刊行とともにジェー・アール・アールに参画。2017年現在、交通新聞社刊行『JR電車編成表』『列車編成席番表』等の編集担当のほか、講談社『電車大集合1922点』等の鉄道書に従事。

梅原 淳（うめはら じゅん）

1965年、東京都生まれ。月刊「鉄道ファン」編集部などを経て2000年から鉄道ジャーナリストとして活動を開始する。『ココがスゴい新幹線の技術』（誠文堂新光社）など著書多数。講演やマスメディアへの出演も精力的に行っている。

栗原 景（くりはら かげり）

1971年、東京都生まれ。国鉄時代を直接知る最後の世代で、旅、鉄道、韓国などをテーマとするジャーナリストとして活動している。『東海道新幹線沿線の不思議と謎』（実業之日本社）、『アニメと鉄道ビジネス』（交通新聞社）など多数の著書がある。

◉カバー・本文デザイン＝清水幹夫　◉編集＝栗原 景　◉協力＝林 淳一

往年（おうねん）の塗装（とそう）を振（ふ）り返（かえ）り体系的（たいけいてき）にまとめた決定版（けっていばん）

国鉄色車両（こくてつしょくしゃりょう）ガイドブック

2021年２月22日　発　行　NDC686
2022年５月９日　第２刷

著　者　広田尚敬（ひろたなおたか）・坂 正博（さかまさひろ）・梅原 淳（うめはらじゅん）・栗原 景（くりはらかげり）
発行者　小川雄一
発行所　株式会社 誠文堂新光社
〒113-0033 東京都文京区本郷 3-3-11
電話 03-5800-5780
https://www.seibundo-shinkosha.net/
印刷・製本　株式会社 大熊整美堂

ISBN978-4-416-62024-3